蛋鸡输卵管炎
综合防治简明手册

组织编写 南京市动物疫病预防控制中心

主　编 顾舒舒

东南大学出版社
SOUTHEAST UNIVERSITY PRESS
·南京·

内容简介

本书简要介绍了蛋鸡输卵管炎综合防治相关的技术内容，包括蛋鸡输卵管炎的致病因素、诊断方法、预防和治疗措施等三个方面：致病因素涉及单病原感染、多病原感染及生产管理与饲料营养；诊断方法涉及早期巡查、剖检、采样与检测；预防和治疗措施包括隔离消毒、免疫驱虫、无害化处理、疫病净化、防治用药及淘汰。

图书在版编目(CIP)数据

蛋鸡输卵管炎综合防治简明手册 / 顾舒舒主编. ——
南京 : 东南大学出版社，2023.3
　　ISBN　978 - 7 - 5766 - 0583 - 9

　　Ⅰ. ①蛋…　Ⅱ. ①顾…　Ⅲ. ①卵用鸡-输卵管疾病-
鸡病-防治-手册　Ⅳ. ①S858.31-62

中国版本图书馆 CIP 数据核字(2022)第 254232 号

责任编辑：郭　吉　周　菊　责任校对：韩小亮　封面设计：毕　真　责任印制：周荣虎

蛋鸡输卵管炎综合防治简明手册
Danji Shuluanguanyan Zonghe Fangzhi Jianming Shouce

组织编写	南京市动物疫病预防控制中心
主　　编	顾舒舒
出版发行	东南大学出版社
社　　址	南京市四牌楼 2 号(邮编：210096　电话：025 - 83793330)
印　　刷	南京玉河印刷厂
开　　本	880mm×1230mm　1/32
印　　张	3.125
字　　数	85 千字
版 印 次	2023 年 3 月第 1 版　2023 年 3 月第 1 次印刷
书　　号	ISBN 978 - 7 - 5766 - 0583 - 9
定　　价	29.00 元
经　　销	全国各地新华书店
发行热线	025 - 83790519　83791830

(本社图书若有印装质量问题，请直接与营销部联系，电话：025 - 83791830)

编委会

前　言

　　蛋鸡输卵管炎是指输卵管黏膜的浆液性、黏液性、纤维素性炎症,临床上常与卵巢炎、腹膜炎并发,是蛋鸡常见病症之一,对蛋鸡养殖经济效益影响重大。其致病因素较多,病因较为复杂,且一般没有典型临床表现,养殖者通常在发现蛋鸡出现产蛋下降以及血斑蛋、沙皮蛋、软壳蛋等异常蛋增多时才会引起重视,因而错过了输卵管炎防治的最佳时期,造成较大的经济损失。

　　为帮助蛋鸡养殖者科学开展输卵管炎的预防和治疗,提高鸡体免疫力,维护蛋鸡产蛋性能,切实提升养殖经济效益,我们组织编写了《蛋鸡输卵管炎综合防治简明手册》一书。本书具有以下特点:一是贴近生产。针对蛋鸡养殖生产过程中面临的主要难点,即蛋鸡产蛋异常、输卵管炎防治等问题进行了系统解答,从技术角度为养殖者解决实际难题。二是专业可靠。本书的编者全部来自养殖防疫生产一线,既有长期从事蛋鸡疾病诊断与防控的兽医人员,也有多年从事蛋鸡养殖的技术人员。三是浅显易懂。采用问答式的编写方式，面向养殖者，简明扼要地解答技术问题，确保养殖者看得懂、学得会、用得着。

由于编者所掌握的蛋鸡养殖生产资料有限，本手册难免有不足之处，敬请行业专家和广大读者批评指正！

编　者

目　　录

一、蛋鸡输卵管炎致病因素概述

1 什么是蛋鸡输卵管炎？

蛋鸡输卵管炎是蛋鸡生产临床常见病症，对养殖行业威胁重大，临床上常表现为输卵管器质性损伤或发生浆液性、黏液性、纤维素性炎症，输卵管充血、肿胀，内有大量分泌物。严重时可见输卵管萎缩、变形，卵巢变形、充血、出血，呈现红褐色或灰褐色，常并发卵巢炎，腹膜炎，腹膜充血、混浊或有积液。值得注意的是，蛋鸡输卵管炎往往表示症状，而不是疾病的名称。

2 蛋鸡发生输卵管炎的原因有哪些？

造成蛋鸡输卵管发炎的原因主要有3类：一是病原感染，如常见的腺病毒感染引发产蛋下降综合征，造成输卵管发育异常或产生炎症，严重影响蛋鸡产蛋。病原感染有时并非单一病原，如大肠杆菌与非典型新城疫常呈现典型的混合感染，也会导致输卵管炎症。二是生产管理不当，表现为免疫、应激、光照不当或养殖环境恶劣，当鸡体免疫力下降时往往容易发生产蛋异常。三是饲料营养不合理，如产蛋期饲料蛋白质含量过高，造成鸡蛋个体过大，产蛋过程中对产道造成机械性损伤，继而引起输卵管发炎。这些因素有时互为影响，更易导致鸡体发病。

3 有哪些病原容易引发蛋鸡输卵管炎？

常见的伴发蛋鸡输卵管炎的疾病或病原主要有传染性支气管炎（生殖型）、H9型禽流感、产蛋下降综合征（腺病毒）、传染性喉气管炎、新城疫、禽脑脊髓炎（流行性震颤）、鸡肿头综合征（禽肺病毒）、大肠杆菌、沙门氏菌、巴氏杆菌、前殖吸虫(蛋蛭病、鸡卵吸虫病)、组织滴虫等。这些病原有时呈单病原感染,有时呈混合感染,如魏氏梭菌与大肠杆菌混合感染、沙门氏菌与大肠杆菌混合感染、大肠杆菌与非典型新城疫混合感染、鸡痘与细菌混合感染等。

4 腺病毒感染引发的输卵管炎有哪些特点?

Ⅲ群禽腺病毒感染蛋鸡后的典型特征为产蛋母鸡产蛋率下降。病鸡一般无明显的病理变化,解剖后可见卵巢和输卵管出现并发性炎症,具体表现为卵巢发育不良、输卵管萎缩,少数感染蛋鸡还会出现子宫黏膜水肿伴白灰色渗出物,卵泡变性或出血。发病蛋鸡所产蛋出现蛋壳无色泽、薄壳蛋、软壳蛋或无壳蛋,但一般不影响鸡蛋的品质。

5 传染性支气管炎病毒感染引发的输卵管炎有哪些特点?

传染性支气管炎是蛋鸡的一种急性、高度接触性的病毒性呼吸道和泌尿生殖道疾病。蛋鸡输卵管炎主要由传染性支气管炎病毒的M41毒株、Beaudette毒株和Connecticut毒株引起,临床上表现为发病鸡体温升高、畏寒怕冷、精神沉郁、羽毛脏乱、双翅下垂、食欲下降或废绝、呼吸困难、咳嗽喘气、听诊有啰音、气管分泌物变多。发病蛋鸡产蛋量下降,产软壳蛋、畸形蛋、无壳蛋等;蛋品质下降,蛋清、蛋黄出现分离,蛋清稀薄如水,预后不良。剖检可见呼吸道病变,呼吸道黏膜出现充血、水肿,鼻窦、喉头、气管及支气管出现浆液性或卡他性渗出,而后转为干酪样渗出物;卵泡呈现充血、出血、破裂或畸形,有时可见卵黄性腹膜炎。雏鸡感染此病毒常造成输卵管发育不良、管腔狭窄或堵塞。

6 H9型禽流感病毒感染引发的输卵管炎有哪些特点?

H9型禽流感病毒主要感染蛋鸡,发病高峰为产蛋初期或产蛋高峰期。临床上发病鸡症状各不相同:有些病鸡出现体温异常、精神萎靡、食欲减退、粪便稀薄并伴有咳嗽;有些病鸡可见眼睑、面部、肉髯肿胀或出现神经症状;也有病鸡并没有明显外部症状。但是,所有发病蛋鸡都会出现产蛋量下降,蛋壳颜色变浅,以及产沙皮蛋、软壳蛋、畸形蛋,病程持续时间长。H9 型禽流感病毒主要感染呼吸道、消化道和泌尿生殖系统,解剖后可见面部皮下水肿,气管和支气管充血、出血,并伴有黄色黏液、栓塞物、气囊纤维素质性沉淀,皮下、胰腺、心冠脂肪有出血点,腺胃黏膜有不同程度出血。生殖系统可见卵泡充血、出血、变性、坏死、破裂,输卵管壁水肿,输卵管内可见白色胶冻样物质或干酪样物质,病鸡伴发卵黄性腹膜炎。

7 新城疫病毒感染引发的输卵管炎有哪些特点?

新城疫病毒可以感染全日龄鸡,具有高接触性的发病特点,一般初春和冬季发病率最高,雏鸡易感,致死率高,预后不良。发病鸡可见精神沉郁、羽毛脏乱、食欲不振、呼吸困难,有时闭眼靠墙;排出黄绿色或者灰白色水样性粪便,并伴有恶臭,发病后期病鸡还会排出带血的粪便;鼻腔有黏液渗出,四肢麻木、抽搐、卧倒在地。此外,还可见产蛋量下降,产畸形蛋、软壳蛋、沙皮蛋等,蛋品质量下降,严重可发生产蛋停滞或废绝。剖检可见全身性的败血症,除输卵管病变以外,还可见消化道、呼吸道病变。输卵管出现大量出血、卵泡膜破裂,并伴有卵黄性腹膜炎;消化道出现盲肠扁桃体肿大、出血、坏死;呼吸道表现为鼻腔及喉内部充满黏液,黏膜出现充血症状;此外,肾脏还出现充血和水肿。

8 传染性喉气管炎病毒感染引发的输卵管炎有哪些特点?

传染性喉气管炎病毒主要感染大龄蛋鸡或者 30 日龄的小鸡。发病鸡临床上表现为:初期病鸡可见眼、鼻有黏液渗出,常见结膜炎;中期病鸡常见咳嗽,并伴有喘鸣音等,还可观察到病鸡匍匐在地,吸气困难;后期,病鸡呼吸困难,呼吸道会有带血黏液,严重时会因为黏液堵塞导致窒息死亡。产蛋病鸡产蛋量下降,产软壳蛋。剖检后可观察病变集中在喉头及气管,其中喉头常见干酪样物质;气管内黏膜呈现充血、出血、肿胀等,可见带血黏液、血凝块、淡黄色分泌物,还可观察到气管变窄。

9 禽脑脊髓炎(流行性震颤)病毒感染引发的输卵管炎有哪些特点?

禽脑脊髓炎病毒主要侵害禽类的中枢神经系统,引起幼禽共济失调,头颈震颤,严重时常见翅膀和尾巴发生震颤。临床表现为:初期易受惊吓、不愿活动,经常呈现半蹲姿态;后期单脚麻痹外伸,只靠单只腿活动,有的病鸡单侧晶状体浑浊甚至失明。产蛋病鸡产蛋量下降,产 V 型蛋,并且蛋的重量降低。剖检可见病变大多集中在脑部,出现脑组织增大、软膜充血,脑膜下可见水肿浸润液,有时也可观察到少量的出血点,其他实质性气管并未见明显病变。

10 禽肺病毒(鸡肿头综合征)感染引发的输卵管炎有哪些特点?

鸡肿头综合征是由副黏病毒科火鸡肺病毒属的类火鸡鼻气管炎病毒感染所致。临床上表现为:初期病鸡有打喷嚏、咳嗽,眼睛呈现结膜潮红、泪腺肿胀、闭眼等症状;约 1 日后,可见头部皮下水肿(整个头部包括肉垂和下颌组织),眼睑闭合;后期皮下水肿部位变为蜂窝状;有的病鸡可见肉髯发绀和肿胀,精神沉郁、食欲废绝,甚至死亡;有的病鸡呈现持续性摇头、共济失调、角弓反张,有些还可观察到观星状。产蛋鸡出现产蛋量下降,孵化率降低。剖检可见病鸡面部皮下、眼眶周围组织呈胶冻样浸润,发病后期还可观察到黄色肿块;泪腺、结膜囊呈现黄色水肿、化脓以及肉芽组织增生;有的头部、肉髯、肉冠的皮下组织、头盖骨的气室和中耳可见肉芽肿和纤维素性化脓性炎症。

11 大肠杆菌感染引发的输卵管炎有哪些特点?

饲养环境恶劣或饲养条件剧烈变化会导致大肠杆菌病,该病在全日龄鸡中均可发生,其中雏鸡感染率最高。因大肠杆菌感染导致输卵管炎主要集中于成年鸡,主要表现为腹部肿大,产蛋量显著下降,产蛋高峰期消失,蛋鸡死淘率升高等。解剖后可观察到病变主要集中于生殖系统处,输卵管伞部出现粘连,腹腔中有大量卵黄;此外,还可观察到许多卵黄出现充血变形,卵黄局部出现大面积黑褐色或红褐色病变,部分出现破裂;此外,还可观察到各脏器间发生粘连。

12 沙门氏菌感染引发的输卵管炎有哪些特点?

蛋鸡发生沙门氏菌病的常见原因是饲养条件不佳、环境脏乱。沙门氏菌,常发生于体型较大的蛋鸡。发病蛋鸡临床上表现为精神萎靡、羽毛脏乱、食欲不振、喜闭眼或半闭眼、少动;排出黄色或白色稀粪;有时可见鸡冠萎缩、边缘苍白;产蛋鸡呈现产蛋量下降,产软壳蛋、白壳蛋、麻壳蛋。剖检可见卵黄性腹膜炎,卵巢发炎,卵泡变形、变性、破裂,有的卵泡呈熟蛋黄样、水泡样,有的卵泡呈椭圆形、三角形、不规则形,有长短不一的蒂,形成输卵管栓塞。

13 巴氏杆菌感染引发的输卵管炎有哪些特点?

巴氏杆菌感染后会导致蛋鸡发生禽霍乱。临床上禽霍乱分为最急型、急性型和慢性型,而导致蛋鸡输卵管炎的为慢性型。临床上呈现单侧或双侧肉髯肿大,有时可见脓性、干酪样物质或者干结坏死性脱落;鸡脚处呈现局部关节肿大、脚趾麻痹、跛行,严重时可见瘫痪;病鸡还会出现体温升高(40～42 ℃),反应迟钝、流泪,有虬液,排白色、绿色或者红色稀粪,并伴有恶臭;蛋鸡产蛋量下降,产沙壳蛋、软壳蛋、畸形蛋,严重会产蛋停止。解剖后可见卵巢严重出血,有时可观察到卵巢周围存在黄色坚实的干酪样物质,并附着于内脏表面;此外还可观察到不同部位发生不同病变,呼吸道内可见鼻腔和上呼吸道内存在大量黏液;翅膀和足部可观察到关节变形、肿大,有炎性渗出物或干酪样坏死;有时还可观察到肺脏发生硬变。

14 寄生虫感染引发的输卵管炎有哪些特点?

(1) 前殖吸虫(蛋蛭病、鸡卵吸虫病)

前殖吸虫是常见的导致蛋鸡输卵管炎的寄生虫之一,寄生于鸡的输卵管、直肠、泄殖腔、法氏囊等部位,临床上表现为输卵管炎、产蛋机能紊乱。发病时可见泄殖腔与腹部羽毛脱落,泄殖腔潮红向外突出,伴有腹膜炎,腹部变大,触感疼痛。发病蛋鸡呈现产薄壳蛋、软壳蛋、畸形蛋,鸡蛋易碎,产蛋率下降,有的会出现不开产或产无黄蛋。预后不良,驱虫后鸡群的产蛋率变化不大,软壳蛋、薄壳蛋比例下降但不能杜绝。

剖检可见虫体附着于子宫、输卵管壁上,形状扁平似小片树叶,呈棕红或白色,长约 3～9 mm,宽约 1～5 mm,头部有 2 个吸盘。

(2) 组织滴虫

多发于 15～60 日龄蛋鸡,150 日龄的蛋鸡发病率和病死率大幅降低。临床表现为排绿色或淡黄色的粪便,严重时粪便中混杂血液,消瘦,病死前出现痉挛。病程大概维持 9 日后陆续发生死亡。当组织滴虫寄生于蛋鸡输卵管中时,表现为滴虫性输卵管炎,人工授精的鸡场发病率高。

剖检可见病灶集中于盲肠和肝脏,表现为盲肠一侧或双侧肿大、变粗,触感坚硬,内壁肥厚,内含大量豆腐渣样的渗出物或坏死物,中心为黑红色血凝块;肝脏外观如铜钱状、菊花状或纽扣状,中间部位颜色偏暗,发生肿大,出现弥漫性黄色坏死灶。

15 非典型新城疫与大肠杆菌混合感染引发的输卵管炎有哪些特点?

当鸡群群体免疫力低下时,感染鸡新城疫的蛋鸡会继发大肠杆菌混合感染。临床上表现为:发病蛋鸡呼吸困难、咳嗽、排黄绿色稀粪、羽毛脏乱、精神不振,口鼻有黏液样分泌物,嗉囊内有水样物质;蛋鸡出现产蛋量下降,破壳蛋、软壳蛋增多。剖解后可见病鸡呈现卵黄性腹膜炎,此外可见气管、气囊、肝脏、直肠处发生病变,如气管黏膜出血,有黏液样分泌物,气囊浑浊有干酪样分泌物;心包膜有纤维素性炎症,并伴有黄白色渗出物;肝脏表面有灰白色渗出物;肌胃与腺胃交界处可观察到溃疡;直肠黏膜有出血点;扁桃体以及盲肠部分发生肿胀出血。

16 大肠杆菌与沙门氏菌混合感染引发的输卵管炎有哪些特点?

大肠杆菌与沙门氏菌的混合感染,临床主要表现为腹泻、脱肛,严重时发生猝死,肛门可见鸡蛋未产出。产蛋鸡可见产白壳蛋,并且蛋壳表面有紫红色出血点,有时可见沙壳蛋、软壳蛋等。鸡群产蛋量呈现大幅度下降。

剖检可见病鸡肝脏为铜绿色,为沙门氏菌感染的典型症状。同时往往伴发心包炎、肝周炎、卵黄性腹膜炎以及肠道的发炎、肿胀、坏死;发病蛋鸡卵巢呈现淋巴细胞浸润、发炎,解剖后常见卵泡发生变形、变性甚至破裂,变性后的卵泡呈不规则状,有的为椭圆状、有的为三角或其他不规则形状,变性卵泡质地如熟蛋黄样或水泡样。此外,因卵泡的不规则变性常造成输卵管堵塞,造成严重的卵黄性腹膜炎,解剖后可观察到输卵管内充血、内有干酪样物质,蛋宿留不下。

17 魏氏梭菌与大肠杆菌混合感染引发的输卵管炎有哪些特点?

魏氏梭菌与大肠杆菌的混合感染,临床主要表现为肠毒血症。蛋鸡水样腹泻,观察粪便可发现内含大量未消化的饲料。发病蛋鸡生产性能下降,产白皮蛋、沙皮蛋、薄壳蛋、软壳蛋、带血蛋等,并伴有产蛋期推迟,鸡蛋重量变轻。

解剖后可见病灶主要集中于生殖系统,如卵巢发育不良,卵泡偏少；输卵管肿大，常可见点状出血，内含豆腐渣样内容物；子宫处可见黏膜增厚、水肿，伴有出血。此外，肠道也可发生病变，如小肠肠管肿胀、肠壁增厚，解剖后肠壁呈现灰红色或灰黑色，可见肠黏膜的脱落，有泡沫样液体渗出，还可在肠壁上观察到溃疡状坏死灶，有些坏死灶深入黏膜肌层甚至肠穿孔，造成腹膜炎和肠粘连。

18 鸡痘与细菌混合感染引发的输卵管炎有哪些特点？

发生鸡痘与细菌混合感染的蛋鸡可在羽毛部位发现散在的结节状、增生性皮炎灶。感染后，蛋鸡饲料利用率降低，鸡只体重严重下降，产蛋鸡产蛋减少或停止。虽然大部分品种蛋鸡均可能感染，但是产褐壳蛋的蛋鸡最易感，夏秋季节多发。

切开羽毛部结节可见出血、浸润，愈合脱落后可见瘢痕；剖检后可见呼吸道、口腔和食道黏膜出现纤维素性坏死灶；在输卵管处可观察到出血、肿胀，内有黏液性或干酪样分泌物。

19 霉菌毒素引发的输卵管炎有哪些特点？

常见的霉菌毒素有玉米赤霉烯酮、黄曲霉毒素、赭曲霉毒素 A 和呕吐毒素，霉菌毒素进入体内主要造成肝损伤，还可对生殖系统造成伤害，如造成生殖功能异常、抑制卵巢颗粒细胞活性、延缓卵泡成熟和输卵管黏膜脱落等。此外，某些霉菌毒素还可以穿透蛋壳，污染蛋胚，表现为雏鸡孵化率降低、雏鸡肺脏表面有黄白色霉菌样结节，此外在肌胃角质层可见溃疡症状。

发病蛋鸡剖解后可见卵泡萎缩，输卵管内有针尖状出血点。霉菌毒素也会造成蛋鸡生产性能降低，鸡蛋的蛋壳品质异常，主要表现为鸡蛋重量变轻，蛋鸡产软壳蛋、沙壳蛋、破壳蛋、薄壳蛋等，鸡蛋表面褐色斑点增加，蛋白整体颜色发白并呈现水样化。当鸡蛋出现上述变化时，应及时检查饲料、投入品等的霉菌含量，以避免造成更严重的经济损失。

20 蛋鸡场日常生产管理对蛋鸡产蛋的影响有哪些?

（1）免疫

若蛋鸡场免疫的疫苗种类不合适,免疫程序不合理,免疫操作不规范,将致使免疫产生的抗体对鸡群的保护力不足,鸡群难以抵抗病毒侵袭。

（2）应激

人为暴力抓鸡、蛋鸡转群动静大、其他动物窜入鸡舍等,容易造成鸡群应激,导致免疫力下降。若蛋鸡排卵时受到刺激,可能会致使卵子误入腹腔,坠入腹腔的卵子不能被吸收,发生变性,最终导致卵黄性腹膜炎。

（3）光照

光照对育成期蛋鸡性器官发育成熟有着重大影响。光照时间过长,灯光通过照射蛋鸡视网膜,传导至蛋鸡下丘脑使性激素分泌过多,会导致卵子成熟过早,排卵加速,蛋鸡性成熟提前,而输卵管发育尚未成熟,过早产蛋造成输卵管损伤,也容易造成脱肛;若过早成熟的卵子坠入腹腔,也会造成卵黄性腹膜炎;开产过早的蛋鸡产蛋率低,蛋重轻,产蛋高峰持续期短。

产蛋高峰期若突然缩短光照,会严重降低产蛋率,增加死淘率,即使后期恢复原来的光照,也很难在短时间内恢复到原来的产蛋水平。

（4）养殖环境

鸡舍环境条件差,鸡舍过热、漏风、脏乱,容易造成蛋鸡抵抗力下降。正常鸡体泄殖腔或环境中存在大肠杆菌、沙门氏菌等病原时,由于鸡体免疫力较好并不发病。但当鸡体因受凉、应激等因素导致免疫力下降时,存在于泄殖腔内的病原菌会随着输卵管的逆向收缩蠕动进入输卵管内,造成病原微生物的感染,进而造成泄殖腔炎、输卵管炎。

21   常见的应激因素有哪些?

(1)温度

夏季鸡舍的温度超过 28 ℃,或者冬季鸡舍保暖不到位,有冷风吹入,都可能致使蛋鸡应激。

(2)湿度

鸡舍湿度高于 80%造成散热困难,或低于 40%造成扬尘过大,均会造成应激。

(3)光照

光照强度可直接影响蛋鸡的产蛋量、产蛋率和蛋品质量,有关研究指出最佳光照强度应在 10~20 lx 为宜。光照时间也可以对蛋鸡生产性能产生影响,当光照时间不合理,容易造成鸡群应激,发生啄肛啄羽等行为,直接影响生产。

(4)通风

当粪便堆积清理不及时容易产生大量的氨气,加上鸡舍累积的灰尘,如果通风不良,会造成蛋鸡上支气管发炎,影响呼吸,进而造成蛋鸡应激。

(5)声音

研究指出,蛋鸡饲养环境声音强度应控制在 50 dB 以下。饲养环境中声音超过 55 dB,会造成鸡群紧张,伸头张望,啄羽等;声音强度超过 70 dB,容易造成蛋鸡的应激,表现为尖叫、乱飞、食欲不振,严重时可见卵泡入腹,产蛋量下降,蛋壳带血等。

(6)饲养管理

营养供给不充足、饲料搭配不合理、饲槽积粮导致霉变、供水不足,水质不达标或饮水有杂质等问题,会影响蛋鸡的免疫机能,进而导致蛋鸡的饲养管理性应激,临床上呈现为精神沉郁、食欲减退、产蛋量下降和蛋品质不佳等。

（7）饲养密度及卫生环境

当饲养密度过大时,蛋鸡活动空间受限,加之卫生环境变差、灰尘或病原增多会给蛋鸡造成较大压力,从而引起应激,症状表现为啄肛、啄羽、生长缓慢、腹泻、产蛋率下降。

（8）物理因素

常见的可导致蛋鸡应激的物理因素有鸡群称重、雏鸡断喙、鸡只追捕、驱赶、鸡群转群、免疫接种、投料不当、鸡群相互争斗、饲养密度过高、长途运输等。物理因素所导致的应激不能完全避免,只能通过加强管理、提高操作规范性等手段来减少应激的发生。

22　温、湿度不宜对蛋鸡产蛋的影响有哪些？

温度是影响蛋鸡生产性能的主要因素之一,尤其是冬季和早春等低气温时节,此时如果保温措施不到位,会致使蛋鸡体温散热加快,饲料消耗增加,造成产蛋量减少、蛋品质不佳等问题,也会出现蛋鸡消瘦和抵抗力下降。日温差较大的中层笼架,其蛋鸡生产性能指标全部低于日温差较小的上层。因此,蛋鸡的饲养环境温度宜维持在 13～20 ℃之间。当处于寒冷或炎热等季节时,应做好鸡舍温度的调节工作:当冬季到来时要做好保暖工作,如做好鸡舍检修,连通舍外的进出气口加设挡板,出粪口安装插板,防止冷风对鸡体的侵袭;当夏季到来时,应做好降温工作,如在鸡舍屋顶铺盖垫草或漆白屋顶有利于加强屋顶隔热,加强喷水降温,在鸡舍内安装喷雾装置定时进行喷雾,水汽蒸发吸收鸡舍内大量热量,降低舍内温度,也可在鸡舍内安装水帘,形成湿润凉爽的小气候环境。

湿度也是影响蛋鸡生产性能的因素之一,鸡粪清理不及时或南方夏季梅雨季节,容易导致鸡舍湿度升高。湿度过高会造成垫草病原微生物、霉菌毒素沉积,从而造成舍内有害气体累积,致使蛋鸡精神沉郁、食欲不振、羽毛脏乱,产蛋鸡可见蛋壳表面脏污、产蛋量下降、蛋品质量不佳等;湿度过低容易导致鸡舍干燥,引起蛋鸡上支气管发炎、免疫力下降,给病原微生物的传播埋下隐患。因此蛋鸡舍的湿度应控制在 55%～65% 之间。

23 养殖密度过大对蛋鸡产蛋的影响有哪些?

养殖密度过大,蛋鸡生长环境过小,会使蛋鸡压力增大,进而造成蛋鸡精神不佳、食欲不振、饲料利用率降低、生长发育缓慢、羽毛脏乱、啄肛啄羽等,严重时可因压力过大致使卵黄误入腹腔,造成卵黄性腹膜炎,进而继发输卵管炎。产蛋病鸡常见产蛋量下降、产软壳蛋、白壳蛋、薄壳蛋、沙壳蛋、蛋品质量不佳等。

降低饲养密度可减少蛋鸡氧化应激,减少炎症细胞浸润,降低输卵管组织的炎症介质水平,对预防蛋鸡输卵管炎具有显著的作用。笼养蛋鸡建议 1～2 周龄每平方米饲养 60 只以下,平养 30 只以下;3～4 周每平方米饲养量 40 只以下,平养 25 只左右;5～6 周每平方米饲养 20～30 只,平养 20 只以下。产蛋期层叠式鸡笼的养殖密度应为每平方米 15～25 只,全阶梯式鸡笼的养殖密度为每平方米 10～15 只。

24 噪声过大对蛋鸡产蛋的影响有哪些?

多种音调的无规则复合声称为噪声,如高声谈话声、敲打声、撞击声、水线清理声、车辆运输声等。我国规定噪声限制在 85 dB 以下。噪声容易造成蛋鸡应激,进而影响产蛋;75 dB 以上持续性的噪声对蛋鸡增重、开产日龄及产蛋率均有严重影响;90～100 dB 的噪声能明显造成蛋鸡暂时性的产蛋率下降。突然噪声对鸡群的影响要高于持续性的噪声,易造成鸡群精神紧张或惊恐。

25 通风不当、有害气体浓度过高对蛋鸡的影响有哪些?

鸡舍内常见的有害气体有硫化氢、氨气、吲哚、一氧化碳、二氧化碳等,其中氨气对蛋鸡危害最大。当鸡舍出现环境变差、粪便清理不及时、湿度过大、消毒不及时等问题时,鸡舍内会有大量的氨气累积,当鸡舍内的氨气浓度超过 80 mg/kg 时,会侵入蛋鸡呼吸系统诱发一系列炎症反应,表现为呼吸道炎症、肺部炎症,可并发输卵管炎症等,临床上表现为蛋鸡食欲不振、饲料利用率降低、精神沉郁、歪头侧目、生产性能下降、蛋品质量不佳等。

当通风不当时,鸡舍内气体交换不足也会导致有害气体的增加。根据养殖规模和鸡舍布局,选择适合的通风设备,以确保鸡舍内空气一直处于新鲜状态,如鸡舍的纵向通风可选择节能、大直径、低转速的轴流风机。每天定时开启通风系统进行通风换气,以人员进入鸡舍内没有明显的刺鼻、刺眼感觉为宜。冬季宜在温度升高的日间适当通风,并在进风口设置挡板,避免直接吹到蛋鸡笼;仲春、夏秋季节宜在白天充分打开门窗或通风设备进行充分换气,夜间也需要保留几个通风窗。若鸡舍条件较差又不具备提升能力,通风与舍内温度的控制就形成了矛盾,建议开产期和产蛋高峰期避开一年中最热的月份以及冬季最冷的月份。

26 光照不宜对蛋鸡产蛋的影响有哪些?

光照强度可直接影响蛋鸡性器官的发育。光照时间过长,灯光通过照射蛋鸡视网膜,传导至蛋鸡下丘脑使性激素分泌过多,导致卵子成熟过早,排卵加速,蛋鸡性成熟提前,而输卵管发育尚未成熟,过早产蛋造成输卵管损伤,也容易造成脱肛;卵子过早成熟坠入腹腔时,也会导致卵黄性腹膜炎;蛋鸡性成熟提前致使开产过早,易导致产蛋率低、鸡蛋轻,产蛋高峰持续期短。

产蛋高峰期若突然缩短光照,会导致产蛋率严重下降,死淘率增加,恢复光照后,短时间内很难恢复至原来的产蛋水平。

27 饲料营养对蛋鸡产蛋会产生哪些影响?

(1)蛋白质

饲料中动物性饲料过多,蛋白质含量过高,容易导致产蛋过大或产双黄蛋,造成输卵管被动扩张,甚至蛋壳在输卵管中破裂,致使输卵管损伤。

（2）维生素

饲料中缺乏维生素（VA、VC、VD、VE 等），致使细胞抗氧化能力减弱加速凋亡，输卵管容易感染发炎，影响蛋鸡生产性能。

（3）微量元素

饲料中缺乏钙、磷等微量元素会导致蛋鸡卵巢和输卵管发育不完全，进而导致卵子坠入腹腔，引发卵黄性腹膜炎；若钒等元素含量过高，造成蛋鸡免疫功能障碍、细胞氧化损伤加速，引发输卵管炎症、萎缩，影响产蛋。营养元素搭配不合理，可能导致尿酸盐生成，刺激泄殖腔黏膜从而造成炎症，泄殖腔炎症蔓延上行会导致输卵管炎。

28　不同生产阶段的饲料配比应注意哪些方面？

蛋鸡在育雏期、育成期、产蛋期以及产蛋高峰期生长特性不一样，所需要的营养比例也不同，要根据鸡群每个时期的特点调控饲料中的成分配比，保障营养全面、均衡。

育雏期应为其提供高能量、高蛋白、低纤维的饲料。蛋白质氨基酸水平是影响雏鸡生长发育的主要因素，蛋雏鸡对氨基酸比代谢能更为敏感，因此建议尽量不用杂粮，蛋白质氨基酸水平应适当提高，但不宜过高，否则易引起痛风。

育成期时应为其提供蛋白较低、纤维含量较高的饲料，并适当限制蛋鸡饮食以免过重影响产蛋性能；育成早期（8 周龄前）体重的增长更多地取决于日粮中的粗蛋白水平、氨基酸水平；育成后期（8 周龄后）则取决于日粮的能量水平，能量比蛋白对蛋鸡开产体重的影响更大；12～18 周龄阶段建议降低代谢能和蛋白质氨基酸水平，用杂粮代替豆粕，多添加一些麦麸、DDG 等粗饲料，提高粗纤维水平，既降低成本又能刺激肠道发育，为确保产蛋阶段的采食量和消化吸收打好基础。

预产期应为高能低蛋白配方。产蛋期，能量和蛋白都很重要，能量影响产蛋率，蛋白影响蛋重。产蛋高峰期时应提供全价饲料，保证能量、蛋白质及氨基酸的平衡，并补充足够的钙、磷，且不能随意更换饲料配方。但权衡二者对产蛋量的影响,能量显得更为突出。

29 饲料保存有哪些注意事项?

(1)温度、昆虫

饲料存储不当时,容易导致有害昆虫的滋生,进而造成饲料的减少和污染。但昆虫对温度较为敏感,存储温度在 15.5 ℃以下时,可降低昆虫的生长和繁殖;当存储温度在 41 ℃以上时,可以杀灭大部分昆虫。当饲料仓库已出现大规模昆虫污染时,可以使用熏蒸法对昆虫进行灭虫处理。

(2)湿度

湿度提高容易导致大量霉菌的滋生和黄曲霉毒素、呕吐毒素等霉菌毒素的堆积,进而降低了饲料的营养价值。所以饲料仓库应经常通风,把湿度控制在 65%以下,减少霉菌毒素的生长繁殖。

(3)光线

太阳光长时间对饲料的直接照射会加快营养物质的流失,如脂肪氧化、破坏溶脂性维生素、蛋白质变性等。所以储存仓库应配备遮阳板,避免阳光对饲料的长时间直接照射。

(4)微生物

饲料储存不当会导致霉菌、细菌、酵母菌的大量繁殖,进而降低饲料的营养价值、利用率,严重时还会导致蛋鸡中毒。

(5)原料本身的性状

原料的性状包括细度、pH、完整性、结块度、含水量、成熟度等,一般含水量要求玉米≤14%、小麦≤13%、颗粒料≤11%、配方料≤12%。

30 如何做好仓储环节饲料的品质控制?

饲料应贮存在干燥、阴凉和通风处。贮存场地需硬化或选用适宜材料,便于清扫消毒。饲料不能直接堆放在水泥地上或紧靠水泥墙,要放在木制货架上,堆放饲料时应距离墙面一段距离,防止地面、墙面潮湿导致饲料霉变。饲料堆间也应保持一定间距,堆包不能过大,贮存饲料不能堆得太高,一般不超过 5 包,以保证空气流畅,温度和湿度恒定。隔热效果及储存期均影响储存期间的饲料原料品质变化,管理包括虫鼠的控制、通风、翻仓、先进先出等工作。饲料贮存时间不能过久,一般以 3 个月为限,超过 3 个月饲料中的维生素等物质会因氧化等原因而减少。饲料购进后最好在 2 个月内用完,在保质期内,最早购进的饲料最先使用。

新饲料开袋时,要观察饲料是否存在霉变,如发现结团结块、品质不良、过期变质应立即停止饲喂并处理。食槽倒料时,应根据生产计划进行倒料,不宜一次性倒料过多,饲槽存料过多容易造成底部饲料霉变和生虫。此外,对鸡舍的食槽还应做到定期清扫消毒,避免霉菌、细菌或其他病原微生物的滋生。

二、蛋鸡输卵管炎诊断

31 蛋鸡输卵管炎有哪些临床表现？

临床表现主要为疼痛不安，产出的蛋壳上往往带有血迹。病鸡冠厚、鲜红、腹部下垂。输卵管内经常排出黄白色脓样分泌物，污染肛门周围及其下面的羽毛，产蛋困难。随着病情的发展，病禽开始发热，而后退热，痛苦不安，呆立不动，两翅下垂，羽毛松乱，有的腹部靠地或昏睡，当炎症蔓延到腹腔时可引起腹膜炎，或因输卵管破裂引起卵黄性腹膜炎。

32 蛋鸡输卵管炎的剖检特点有哪些？

剖检特点主要是：卵泡变性、变形、充血、出血、坏死或萎缩；输卵管水肿、变粗，内有大量分泌物，腹膜发炎、充血、浑浊，严重的卵泡掉入腹腔，形成卵黄性腹膜炎，肠道与腹膜发生粘连或腹腔肠道、脏器发生粘连；腹腔积有浑浊液体，恶臭或有黄白色干酪样物质。当蛋鸡患上卵黄性腹膜炎时，输卵管壁会变薄，内有异形蛋样物，表面不光滑，切面呈轮状。

33 发生输卵管炎的蛋鸡有哪些产蛋变化？

（1）蛋壳质量差：出现白皮蛋、沙皮蛋、软皮蛋、畸形蛋、血斑蛋等。

（2）产蛋率低下：无产蛋高峰，产蛋高峰维持时间短。

34 发生炎症的输卵管有哪些病理变化？

临床上常以输卵管炎、卵巢炎、腹膜炎混感为特征。泄殖腔黏膜红肿;输卵管内有大量黏液或纤维素渗出,甚至有黄白色干酪样物寄存;输卵管壁会变薄,内有异形蛋样物,表面不光滑,切面呈轮状;卵泡充血、出血、皱缩、形状不整,呈黄褐色或灰褐色,严重者甚至破裂;破裂于腹腔中的蛋黄液,味恶臭,致使肠管粘连形成腹膜炎。

35　早期巡查的意义?

在鸡群未发生蛋鸡输卵管炎或发生初期的情况下,及早通过巡查的方式进行自主诊断,第一时间进行预防或干预,可控制蛋鸡输卵管炎发生、发展,避免造成重大损失。

36　何时开展早期巡查?

(1) 5 日龄

第 5 日龄时鸡雏死淘基本定型。减少鸡雏死淘应注意三个要素,分别为优质鸡苗、适宜温湿度、优质开口药。

(2) 35 日龄

蛋鸡均匀度影响后期产蛋率,均匀度越高越好。在蛋鸡第 35 日龄时,必须挑选出体质差的鸡群单独饲养,并补充好的营养,此时的均匀度及体重决定后期的产蛋率、蛋体大小、高峰期时间、淘汰鸡数量等等。

(3) 80 日龄

80 日龄时是蛋鸡卵巢和输卵管开始发育的时候,此时最容易感染大杆、沙门等细菌,造成蛋鸡输卵管和卵巢发育不良以及后期输卵管的顽固性炎症,从而导致后期高峰期不高、蛋壳品质不好、输卵管炎症不易消除等诸多现象。

同时要注意以下四个阶段:

① 产蛋率 5% 时:此时鸡群刚刚开产不久,最易出现内分泌失调、脾胃失调的现象,表现为粪便稀散不成型、采食较慢、抵抗力低下

等。此时是卵泡高速发育期及输卵管成型期,故此时需要调理脾胃和内分泌以及补充营养和增加机体抵抗力。

② 产蛋率 50%时:此时大部分鸡群已经开产,输卵管应激比较大,容易出现输卵管炎症和啄肛现象。卵泡发育比较迅速,所需营养较多且肝肾负荷较大,此时机体抵抗力较低,因此此时鸡群应以消炎、调理输卵管和增加抵抗力及补充均衡营养为主。

③ 产蛋率 90%时:此时产蛋率正式上高峰,但尚有 10%蛋鸡没有产蛋,想要使鸡群达到更大的产蛋性能需要做到 3 点:一是使用促进输卵管发育的中药,促进卵泡的发育;二是消除输卵管炎症;三是补充营养增加机体抵抗力。

④ 产蛋率下降至 85%时:机体内储存开始不足,此时也是机体组织器官开始老化、消化吸收功能下降的时期。所以此时如果不注意最易出现产蛋率快速下降的现象。这时候可以适当补充浓缩鱼肝油,可以促进钙、磷吸收。如果鸡体肥胖,还可添加 1‰的氯化胆碱,同时做好疾病防治工作。

37 早期巡查的方法有哪些?

(1)临床观察

① 群体观察

行为状态的观察:巡查人员经过鸡笼时,若鸡只无反应或反应剧烈,提示鸡群异常,需进行鸡只个体观察。

采食和饮水量变化的观察:进入产蛋期,每日的采食和饮水量基本相同,如出现采食突然减少,饮水量增多,提示鸡群异常。

粪便的观察:检查鸡群粪便的色泽、状态、气味,食物消化程度等。粪便的异常变化往往是疾病的征兆。一是白色粪便,多是营养性或传染性因素引起肾脏损伤使尿酸盐排泄障碍造成的,如肾型支气管炎、传染性法氏囊病,排出石灰样粪便;二是绿色粪便,多是由于高烧引起食欲废绝,肠腔内没有食糜去中和、分解来自肝脏的绿色胆汁,使胆汁随分泌物一起排出体外,出现绿色粪便,多见于新城疫、禽流感等病毒性疾病;三是红色粪便,主要是由肠道炎症引起的出血或粪便潜血,若粪便紫红色,多提示为球虫病,若粪便是鲜红色,多提示是泄殖腔损伤、出血。

② 个体观察

体态观察:注意观察鸡对外界的反应,啄食、饮水状态和行动等。健康鸡听觉灵敏,反应敏捷,食欲旺盛。若出现不喜活动、精神萎靡、步态不稳、羽毛蓬松、打盹喜卧等说明鸡群出现了异常。

鸡冠、肉髯的观察:健康鸡冠颜色鲜红、肥润,组织柔软、光滑。肉髯左右对称,丰满鲜红。被皮颜色的改变,是病态的一种表现标志,通常有以下 4 种变化:一是冠发白,常见于各种贫血性疾病,如严重的寄生虫侵袭(如鸡住白细胞虫病)、马立克氏病等;二是冠发绀,常见于热性疾病,如禽流感、新城疫、禽霍乱等;三是冠萎缩,常见于慢性病,初开产的鸡冠突然出现冠萎缩为白血病;四是鸡痘,冠水泡、脓包、结痂为鸡痘的特征。

眼的观察:检查眼的神态,眼角是否流泪,角膜是否清晰,有无分泌物和溃疡,结膜内有无干酪样物等。如维生素 A 缺乏时,病鸡眼中流出乳状分泌物,上下眼睑常黏合在一起,角膜混浊不清,马立克氏病可有虹膜色素消失的现象。脸部检查时,特别注意脸部是否出现肿胀和脸部皮屑情况;皮肤及羽毛检查,注意正常情况下羽毛整齐光滑、发亮、排列匀称。

呼吸情况的检查:注意呼吸的频率,正常呼吸数母鸡 20~30 次/min。观察时尽量使鸡处于安静状态,如中暑时张口呼吸。有无异音,如咳嗽、喷嚏、啰音、鼻腔内有无分泌物。表现呼吸道为主要症状的疾病有新城疫、传染性气管炎、白喉性鸡痘、鸡霉形体病等。如新城疫发生时,鸡常发出"咯咯"声,口腔流涎。

③ 蛋品观察

蛋鸡正常生产情况下,鲜蛋表面清洁光滑,蛋壳坚固完整,颜色均衡稳定,形体大小一致,拿在手中沉重感良好,互相碰撞声音清脆而不易破裂,打开蛋壳后内无杂质异物,蛋黄完整饱满,蛋白稀稠分明。如果产蛋鸡群出现砂壳、皱壳、畸形，甚至破蛋时，可能存在营养失调（如钙、磷不足或比例不当）、代谢障碍（维生素 D 不足或光照不足）、环境应激（如高温、饲料中的有毒物质等）、疾病困扰（如新城疫、传染性支气管炎等）、管理不善等方面的问题。

巡查过程中，破损鸡蛋应及时挑拣出来，单独存放。被破损鸡蛋污染的正常鸡蛋应及时做好清洁整理。有条件的蛋鸡场应对每天生产出的正常鸡蛋和破损鸡蛋分别进行称重记录。

（2）剖检

将巡查过程中发现的弱鸡、病鸡尽数挑出，选择 2～3 只进行临床剖检，重点查看输卵管、卵巢等生殖器官及周围组织的异常情况，分析发生这种异常现象的原因和互相之间存在的联系，必要时应采集样品做病原学检测或病理检验。

（3）鸡舍环境检查

重点检查鸡舍内部有害气体是否超过正常值，舍内温、湿度是否出现异常升高或下降，舍内不同区域是否存在较大的温、湿度差异，控制仪器是否正常运转和记录数据。

38　如何记录早期巡查的结果？

在巡查过程中，应做好鸡群状态及异常情况的记录，如表 1 所示。

表1　鸡群巡查记录

√表示正常,－表示量减少/下降,＋表示量增加/上升,其他异常情况请描述

日期:　　　□上午　□下午　□夜间　巡查人员:							
巡查内容		栋舍号					
		1	2	3	4	5	6
鸡群状态	应激反应						
	采食量						
	饮水量						
	粪便形态						
个体状态	鸡冠						
	肉髯						
	眼						
	呼吸						
蛋品	鸡蛋外观						
	破损量枚/kg						
	当日产蛋量/kg						
剖检	输卵管						
	卵巢						
	腹腔						
	其他						
	采样部位						

39　如何做好蛋鸡场养殖情况的调查?

(1)调查内容

① 蛋鸡状态

调查蛋鸡体态是否存在异常情况,包括是否存在头颈高举、行走

呈企鹅状姿势、形似"大裆鸡"。触诊鸡只腹部,观察是否存在疼痛感。观察了解蛋鸡排便是否存在异常,包括粪便性状、颜色以及泄殖腔表现症状。

② 产蛋情况

调查蛋鸡开产日龄是否达到该品种蛋鸡的平均水平,了解鸡群是否正常开产以及开产日龄是否存在后延,了解开产后产蛋率是否正常上升,是否存在下降或上升缓慢的现象。调查蛋鸡产蛋率达到90%的日龄以及下降到90%以下的日龄,判断产蛋高峰期是否存在后延、缩短、不明显等现象。

观察所产鸡蛋的形态,是否异常增大或出现无黄蛋、软壳蛋、薄壳蛋、沙壳蛋、无壳蛋、畸形蛋,双黄蛋的数量是否异常增多,蛋壳颜色是否变浅,是否存在粗糙变薄且易碎的现象,蛋清的性状是否稀薄呈水样。

③ 应激因素

了解蛋鸡场周边环境是否嘈杂,检测鸡舍内外持续性噪音是否达 60 dB 以上或间断性噪音达 85 dB 以上。

询问或观察养殖人员在蛋鸡转群、免疫时的操作,询问产蛋期是否存在转群、免疫或频繁人为抓鸡的情况。

④ 免疫与驱虫

调查本场蛋鸡是否免疫过腺病毒、H9 禽流感、传染性支气管炎(生殖型)、新城疫、传染性喉气管炎、传染性脑脊髓炎、鸡痘、鸡肿头综合征疫苗或含有相关成分的联合疫苗;了解鸡群是否做过前殖吸虫和组织滴虫的驱虫。调查疫苗免疫程序以及驱虫药的使用程序、方法,确认是否程序规范、用量合理。

⑤ 疫病发生史

调查本场蛋鸡是否曾发生过产蛋下降综合征(腺病毒)、H9 禽流感、传染性支气管炎(生殖型)、新城疫、传染性喉气管炎、传染性脑脊髓炎、鸡痘、鸡肿头综合征,是否感染过大肠杆菌、沙门氏菌、巴氏杆菌、前殖吸虫和组织滴虫,或是否曾检测出上述疾病的相关病原。

40 如何开展蛋鸡输卵管炎的自主诊断?

根据引发蛋鸡输卵管炎的常见疾病、生产管理、营养性因素等制定表2,用于帮助蛋鸡养殖者开展输卵管炎的自主诊断。

表2 蛋鸡输卵管炎的自主诊断

条款	表现	判定标准			评分			得分
		符合	基本符合	不符合	Y	O	N	
一、临床症状								
1	病鸡头颈高举,行走呈企鹅状姿势,形似"大裆鸡"	否	—	是	0	—	20	
2	病鸡腹部触诊有痛感	否	—	是	0	—	10	
3	病鸡腹泻,排灰白色或黄绿色粪便	否	—	是	0	—	5	
4	病鸡泄殖腔潮红突出	否	—	是	0	—	10	
二、产蛋变化								
5	开产日龄后延,开产时产蛋率上升速度较慢,或产蛋率下降	否	—	是	0	—	20	
6	产蛋高峰不明显或高峰延迟	否	—	是	0	—	20	
7	始终没有开产,或产无黄蛋	否	—	是	0	—	20	
8	产软壳蛋、薄壳蛋、沙壳蛋、无壳蛋、畸形蛋等,蛋壳粗糙变薄、易碎	否	—	是	0	—	40	
9	蛋壳颜色变浅	否	—	是	0	—	10	
10	蛋清稀薄呈水样	否	—	是	0	—	10	
11	产大蛋或双黄蛋	否	—	是	0	—	10	
三、应激因素								
12	鸡舍内外持续性噪声达60 dB以上或间断性噪声达85 dB以上	否	—	是	0	—	10	
13	产蛋期转群、免疫或频繁人为抓鸡	否	—	是	0	—	20	

条款	表现	判定标准			评分			得分
		符合	基本符合	不符合	Y	O	N	
四、免疫驱虫								
14	本场产蛋下降综合征（腺病毒）、H9禽流感、传染性支气管炎（生殖型）疫苗免疫情况	全部程序免疫	全部免疫但程序不合理	未全部免疫	0	20	30	
15	本场新城疫、传染性喉气管炎、传染性脑脊髓炎、鸡痘、鸡肿头综合征疫苗免疫情况	全部程序免疫	全部免疫但程序不合理	未全部免疫	0	5	10	
16	前殖吸虫驱虫情况	已驱虫且用药合理	已驱虫但用药不合理	未驱虫	0	10	20	
17	组织滴虫驱虫情况	已驱虫且用药合理	已驱虫但用药不合理	未驱虫	0	3	5	
五、疾病发生史								
18	本场产蛋下降综合征（腺病毒）、H9禽流感、传染性支气管炎（生殖型）发病史或被检测出病原	均未发病且未检测出病原	有1种疾病曾有发生或曾检测出病原	有2种以上疾病曾有发生或曾检测出病原	0	20	30	

条款	表现	判定标准			评分			得分
		符合	基本符合	不符合	Y	O	N	
19	本场新城疫、传染性喉气管炎、传染性脑脊髓炎、鸡痘、鸡肿头综合征的发病史或被检测出病原	均未发病且未检测出病原	有1种疾病曾有发生或曾检测出病原	有2种以上疾病曾有发生或曾检测出病原	0	5	10	
20	本场大肠杆菌、沙门氏菌、巴氏杆菌的感染发病史或被检测出病原	未发生感染且未检测出病原	有1种细菌曾发生过感染或检测出病原	有2种以上细菌曾发生过感染或检测出病原	0	10	15	
21	本场前殖吸虫的感染发病史或被检测出病原	未发生感染且未检测出病原	—	曾有发生	0	—	20	
22	本场组织滴虫的感染发病史或被检测出病原	未发生感染且未检测出病原	—	曾有发生	0	—	10	

条款	表现	判定标准			评分			得分
		符合	基本符合	不符合	Y	O	N	
六、同批次鸡采样检测结果								
23	产蛋下降综合征（腺病毒）、H9禽流感、传染性支气管炎（生殖型）病原学检测结果	均为阴性	—	有阳性	0	—	30	
24	新城疫、传染性喉气管炎、传染性脑脊髓炎、鸡痘、鸡肿头综合征病原学检测结果	均为阴性	—	有阳性	0	—	10	
25	大肠杆菌、沙门氏菌病原学检测结果	均为阴性	—	有阳性	0	—	20	
26	巴氏杆菌病原学检测结果	均为阴性	—	有阳性	0	—	10	
27	前殖吸虫镜检结果	无虫体	—	有虫体	0	—	30	
28	组织滴虫镜检结果	均为阴性	—	有阳性	0	—	10	
七、剖检病变								
29	输卵管阻塞、发育不良	否	—	是	0	—	50	
30	卵巢、输卵管萎缩变小或呈囊泡状	否	—	是	0	—	50	
31	输卵管黏膜增厚，充血、出血或坏死，内有炎性渗出物或干酪样物质	否	—	是	0	—	50	
32	输卵管壁积液、变薄或输卵管内有大量积液	否	—	是	0	—	50	
33	输卵管内壁上附着寄生虫体	否	—	是	0	—	50	

条款	表现	判定标准			评分			得分
		符合	基本符合	不符合	Y	O	N	
34	下午 5 点左右子宫部的卵（鸡蛋）没有钙质沉积	否	—	是	0	—	50	
35	卵黄性腹膜炎或腹腔积液	否	—	是	0	—	50	

判定方式：

项目	总分	判定结果
第一至五项	不足 10 分	不是
	超过 10 分	疑似，需剖检或检测确诊
第一至六项	不足 10 分	不是
	10 分以上但不足 70 分	疑似，需剖检确诊
	超过 70 分	确诊
第一至五项＋第七项	不足 10 分	不是
	10 分以上但不足 50 分	疑似，需检测确诊
	50 分以上	确诊
第七项	不足 50 分	不是
	50 分以上	确诊
第一至七项	不足 50 分	不是
	50 分以上	确诊

结果统计：

项目	现场诊断得分（一至五）	采样检测结果	检测得分（六）	剖检得分（七）	最终得分	诊断结果
非符合得分数		□阳性 □阴性				□不是 □疑似 □确诊

41 自主诊断的结果如何处置？

（1）针对症候群的影响因素采取相应的措施

若为病原感染，应采取针对性治疗措施，消除病原影响，控制继发感染，帮助蛋鸡尽早提升自身免疫能力；若为环境因素造成的，应尽快消除不良条件，加强消毒灭源工作，强化鸡舍内部环境控制，避免对鸡群造成二次伤害；若为饲料营养性因素造成的，应尽快根据蛋鸡不同生长阶段的需求调整营养配比，帮助蛋鸡尽早恢复产能。

（2）淘汰弱鸡，必要时全群淘汰

日常巡查过程中，应及时挑拣出危重病鸡、弱鸡，并进行规范隔离和消毒。对发生蛋鸡输卵管炎的鸡群进行诊断与评估之后，症状较轻的病鸡尽早给予药物治疗，症状较重如腹部下垂、腹水较多、产蛋停止或产蛋率极低且无法恢复的病鸡已失去治疗价值，应及早淘汰处理，尽量减少场内病原传播，降低养殖防疫成本。

42 如何开展鸡体解剖诊断？

先将一侧膝关节与胸部连接的皮肤剪开；再将另一侧膝关节与胸部连接的皮肤剪开；然后用两手按压使髋关节脱臼，将身体放平；左手将胸骨末端与腹部连接的皮肤提起，右手持剪刀剪断；两手将胸部、腹部皮肤向相反的方向拽开；将鸡体放平，两腿放展，让鸡体无法翻转；提起胸骨末端，将腹壁与胸部末端剪断；将胸骨的末端与腹壁连接处剪断；从胸骨末端开始沿着胸骨边沿将两侧肋骨剪断；沿着胸骨边沿分别将两侧肋骨剪断。将胸骨向头颈部推压、放平，使整个身体呈 $180°$，卵巢位于腹腔正中线的左侧，肾脏的前端，由卵巢系膜悬于背壁。输卵管上端开口于卵管下方，下端开口于泄殖腔，由漏斗部、膨大部、峡部、子宫部和阴道部组成。

43 样品采集与管理的注意事项有哪些？

样本要求：用作血液生化、血清抗体检测等的血液量为 5～

10 mL/份,血清量应为 1~5 mL/份,分泌液和渗出液为 3~4 mL/份。用作病理切片的组织样本要求厚约 0.5 cm、1~2 cm² 大小的组织块 2~3 块。应尽量在急性发病期和使用抗生素前采集病料,进行细菌的分离培养。

采集要求以"早、准、冷、快、足、护"为基本原则。

早:宜早不宜迟。

准:从富集细菌的组织或体液中采集。

冷:采集的样本要求冷藏或冷冻保存。

快:采集的样本应迅速送检,防止反复冻融。

足:采集的数量要求足够。

护:样本要注意保护,做好包装,低温保存,派专人护送,防止被盗、丢失、外泄或破损等事故。

44 蛋鸡场兽医室建设有哪些要点?

选址、布局:兽医实验室应建在生产区之外,位于鸡场的下风向。一般位于建筑物的一端,有利于隔离和处理。面积为 40~60 m²,隔成 2 间,其中一间作为临床诊断室,另一间作为实验检测室。

设施:临床诊断室、实验检测室均设洗手池,设置在靠近出口处,实验室门口处设挂衣装置,个人便装与实验室工作服的挂衣装置须分开设置。

装修:实验室的地面应铺设防滑、防渗漏地板砖,墙裙应贴浅色瓷砖,墙壁、天花板应平整、易清洁、不渗水、耐化学品和消毒剂的腐蚀,窗户应设置纱窗。实验台应牢固,高度、尺寸适合工作需要且便于操作和清洁;实验台面应防水,耐腐蚀、耐热。

此外,实验室还应具有临床诊断及相关检测能力的仪器、设备、试剂和消毒防护用品,如解剖盘、医用剪刀、金属镊、普通光学显微镜、恒温培养箱、高压蒸汽灭菌器、电冰箱、超净工作台、恒温培养箱、移液器、普通离心机、电子天平、75%酒精棉球、新洁尔灭等、白大褂、乳胶手套、口罩、帽、鞋套等。

45 实验室如何检测蛋鸡输卵管炎？

诱发蛋鸡输卵管炎的因素较为复杂，通过发病情况，结合临床症状、剖检病变可做出初步诊断。具体判定致病菌需进行实验室检测。无菌采集病死鸡心、肝和输卵管等病变部位作为病料，组织触片，革兰氏染色镜检发现两端钝圆、无芽孢的革兰氏阴性短杆菌，可初步怀疑为鸡大肠杆菌性输卵管炎。确诊须进一步作细菌分离、致病性试验及血清学鉴定。

46 其他导致蛋鸡常见疾病的病原该如何检测？

蛋鸡常见的细菌病和寄生虫病主要有白痢、大肠杆菌、葡萄球菌、支原体、曲霉菌、禽霍乱、球虫病等。常见致病菌导致的疾病可以根据流行特点、发病症状和剖检变化作出初步诊断，确诊需作染色镜检、细菌分离、致病性试验及血清学鉴定。鸡球虫病为寄生虫病，一般多发生在温暖季节，以 3 周龄～1.5 月龄的雏鸡易感，发病率和死亡率高；病雏衰弱和消瘦，鸡冠和黏膜苍白，泄殖腔周围羽毛被粪便所粘连，血痢等可初步诊断；显微镜检查粪便或肠内病灶刮下物，可发现大量卵囊及裂殖体、裂殖子和年幼配子即可确诊。

47 蛋鸡输卵管炎病理切片镜下病变特点是什么？

急性输卵管炎：输卵管峡部与壶腹部横切面组织水肿，大量中性粒细胞浸润。输卵管皱襞间质内大量中性粒细胞浸润，肌层见微脓肿形成。

慢性输卵管炎：黏膜间质淋巴细胞、浆细胞浸润，黏膜皱襞肥厚，纤维性粘连。慢性输卵管炎导致管腔闭塞，输卵管囊状扩张，内充满水样液体，输卵管显著扩张，内有清亮液体。

三、预防措施

48 蛋鸡场隔离应做好哪些方面的工作?

蛋鸡场的隔离应主要做好六个方面的工作:

(1)加强对人员的隔离管理

蛋鸡场出入口设立隔离警示牌标明"防疫重地,闲人莫入"。本场生产人员应保持个人清洁,工作用鞋、帽等衣物及时更换、统一收集、集中消毒,必须按照要求规范穿戴经清洗消毒过的工作服、鞋帽等衣物后方可进入生产区;非本场生产人员不得进入生产区内,如确有特殊情况,需经过严格清洗消毒,规范穿戴防护服、胶鞋等防护用具,做好人员进场记录后方可入场,入场后需严格按照限定的行动范围及行动路线活动。对于非本场的养殖场人员以及从事相关养殖工作的人员,应严格控制其进入本场内。

(2)加强对车辆的隔离管理

非本场的外来车辆不得驶入生产区内,生产区内的车辆应只限制在生产场内使用,应明确相对独立的使用范围。装载蛋鸡或饲料等运输车辆应当通过蛋鸡场进出场通道进出场内非生产区,未经消毒的车辆不得进入场内。

(3)加强对重点物品的隔离管理

场内蛋箱严禁出场。场外禽产品不得入场。场内不得开展其他经营。经营场所应与生产区间隔 1 000 m 以上,并有物理隔离措施,相关畜禽、饲料、兽药安置场所严禁设在生产区内。

（4）加强隔离区的管理

应建立病鸡、引种鸡的隔离区，两类隔离区之间应有一定距离，不得混用，入口外应设"动物隔离区，请勿靠近"等警示标志。隔离区出入口应设专用的更衣消毒室或消毒通道，内设喷雾器或紫外照射灯等消毒设备；栋舍入口需配备合适宽度及深度的消毒水池或者消毒脚垫。隔离区内配备独立使用的清洁消毒工具、饲喂器具、排水排污设施。

（5）加强病鸡的隔离管理

当疑似患病的蛋鸡经鉴别诊断后确诊为病鸡时，需在第一时间将其与正常鸡群隔离，加强不同鸡群的饲养管理工作；当鸡群被诊断为一般疾病时，需将该病鸡群置于隔离舍内饲养，同时采取针对性的疾病治疗措施；当遇到病鸡突然发病死亡或死因不明或怀疑为重大动物疫病时，应按照相关规定第一时间进行报告，同时做好紧急消毒、紧急隔离等应急处置措施。病死鸡只能由兽医人员进行相关检查，不得在兽医实验室或者剖检专用场地以外之处随意剖检，转运死鸡时应使用不漏水的容器及搬运工具，按照特定路线从污道转运至专用地点进行无害化处理。

（6）做好引种鸡的隔离管理

掌握引用种鸡产地的相关疫病流行情况，了解种鸡饲养时的健康状况、近 6 个月的免疫情况以及重点疫病监测情况。种鸡入场前，应严格查验随车的动物检疫合格证明以及高致病性禽流感、新城疫等规定疫病的实验室检测合格报告等。入场后在引种隔离舍进行临床健康检查，必要时开展特定疫病监测，同时应做好隔离期记录。独立隔离饲养 7 日以上，经防疫、检疫确定为健康合格后供繁殖使用或入群饲养。引进的种鸡或雏鸡，应隔离观察 30 日以上。

49 常用消毒药种类与用法有哪些?

消毒药应广谱、高效、低毒、无污染,根据使用说明书科学配置,现配现用,不得随意增减使用浓度,轮换使用,定期更换。具体见表3。

表3 常用消毒剂种类与用法

种类	成分	用途	使用方法	使用浓度	消毒条件	优缺点
醇类	无水乙醇	皮肤、体温计等	擦拭	75%		皮肤消毒使用广泛,但其他消毒受限
酚类	来苏尔(含甲酚)	皮肤	擦拭	1%～2%		消毒广,但有一定臭味和刺激性
		器械	浸泡	3%～5%		
		环境、排泄物	喷雾	5%～10%		
醛类	甲醛(福尔马林)	禽舍、孵化器	熏蒸	40%～50%	熏蒸时舍内温度不低于15 ℃,相对湿度60%～80%,密闭门窗7 h以上	高效消毒剂,但刺激性较强,有毒性,对芽孢作用较小,对结核菌无效
		墙面、地面、器械用具	喷雾	2%～10%		
	戊二醛	墙面、地面、器械用具	喷雾、浸泡	2%碱液	浸泡温度20～25 ℃,灭菌作用10 h	
	邻苯二甲醛	器械	浸泡	0.5%～0.6%	浸泡温度20～25 ℃,浸泡时间大于5 min	
酸类	农福	禽舍	喷雾	1%～1.3%		杀菌效果好,但碱性条件下效果差
		用具、运输工具	涂刷	1.7%		
	盐酸	禽舍	熏蒸		3～10 mL/m³,可带禽消毒	
碱类	氢氧化钠	禽舍	涂刷	1%～2%水溶液	涂刷6～12 h后清水冲洗干净	廉价易得,但水溶性小
	氧化钙	墙面、禽舍、粪池周围	涂刷	20%水溶液		

续表

种类	成分	用途	使用方法	使用浓度	消毒条件	优缺点
氧化剂	过氧乙酸	墙面、地面	喷雾	0.05%～0.5%	喷雾后闭窗1～2 h	多用于环境消毒，但刺激性较强，具有一定腐蚀性
		禽舍	熏蒸	3%～5%	2～5 mL/m³，密闭1～2 h	
		耐腐蚀小物件	浸泡	2～120 min		对金属有腐蚀性
	双氧水	创面	擦拭	1%～3%		不可与碘混用
	高锰酸钾	饲料、水质	熏蒸			
氯制剂	84消毒液	禽舍	喷雾	20倍稀释		高效消毒剂，但消毒效力易受有机物、温度、酸碱度等因素的影响
	菌毒净（含氯消毒剂）	禽舍、器械	喷雾	100～1 000 mg/L		
		种蛋	浸泡	100～400 mg/L		
季铵盐	百毒杀	用具、器械、种蛋	喷雾	1∶600		低效消毒剂
		水质	饮水	1∶2000～1∶4000		
		皮肤、黏膜	擦拭	1∶600		
	新洁尔灭	器械	浸泡	0.1%～0.5%	消毒时间30 min	对金属无腐蚀作用，但不可与阴离子清洁剂合用
		皮肤、黏膜	擦拭	0.1%		
碘类	碘	皮肤、黏膜	擦拭	1～2 g/L		效力强，作用快，但使用浓度较高，不溶于水，有残留，易受有机物、温度影响
		创面、黏膜	冲洗	500 mg/L		
	枸橼酸碘	禽舍、空气	喷雾	1∶300	消毒时间10 min	
其他	臭氧	饲料	密闭消毒			无毒无残留

35

50 常用的消毒方法有哪些?

　　蛋鸡场常用的消毒方法主要有物理消毒法、化学消毒法和生物学消毒法。三类方法各有特点,可单独使用,也可配合一起使用。如流水冲洗法单独应用虽能清除物体表面有机物和70%以上的病原微生物,但并不能达到理想的消毒效果,因此常作为其他消毒方法的前提和基础。深埋法在操作过程中,需配合使用化学消毒法以确保消毒效果。不同消毒方法的特点及在蛋鸡场的应用详见表4。

表4　常用消毒方法

类别	方法	特点	蛋鸡场的消毒应用
物理消毒法	煮沸消毒法	经济、简便、应用比较广泛;可杀灭细菌、病毒、寄生虫等,但对芽孢作用较小	适用于金属器械、棉纺织品、玻璃器皿和金属饮饲器具的消毒;水中加少许碱(如1%~2%的 $NaHCO_3$ 等)可增强消毒效果
	高压蒸汽灭菌法	快速、经济、可靠,可杀灭几乎全部的病原微生物,但消毒的物品包装不可过大、过厚、过紧	适用于金属诊疗器械、棉纺织品、耐热玻璃器皿等的消毒
	紫外线照射法	能杀灭多数细菌、病毒,特别是对革兰氏阴性菌最为敏感,革兰氏阳性菌次之,但对结核杆菌效果较差,对细菌芽孢无效	适用于消毒室或消毒通道的人员和物品消毒
	焚烧消毒法	简单易行、迅速彻底,但对物品的破坏性大	适用于金属用具、垫草垫料、病死鸡的消毒
	流水冲洗法	将蛋鸡舍的环境和物品清洗干净,可除去环境、物品表面大部分的微生物	此法是很多消毒方法的前提和基础,应配合其他消毒方法一起使用,严禁单独使用

类别	方法	特点	蛋鸡场的消毒应用
化学消毒法	浸泡消毒法	操作简便,但消毒后需及时取出消毒物品用清水或无菌水清洗,去除残留消毒剂	适用于耐湿和耐腐蚀器械、种蛋、蛋托、棚架、饮饲器具、玻璃器皿、生活用具和衣服鞋帽的消毒
	擦拭(涂刷)消毒法	应用范围广,但效率较低	适用于手术器械、车辆等物体表面的消毒
	喷雾消毒法	应用范围广,效率高	适用于物体表面、墙面、地面、车辆内外表面、舍外道路、设施设备、器械和人员等的消毒
	熏蒸消毒法	扩散性较好,消毒无死角,但分布不均匀,有二次污染的风险	适用于物品表面、空舍、室内空气、密闭的车厢和房屋以及饲料的消毒
	臭氧消毒法	可杀灭细菌繁体和芽孢,病毒、真菌等多种病原微生物,可破坏肉毒杆菌毒素;扩散性好,消毒无死角,浓度分布均匀,无二次污染,在水中的杀菌速度比氯快	适用于空舍、密闭的车厢和房屋、饲料、饮水的消毒
	粉剂喷洒消毒法	漂白粉消毒常用此法	适用于舍外地面、鸡舍间隙地、沟渠、排污道、场区外围道路的消毒
生物学消毒法	深埋法	消毒成本低、操作简单,配合化学消毒法同时进行,但选址难、处理周期长、易污染环境	适用于病死鸡及其产品、粪便等的消毒处理
	发酵法	经济、环保、可靠,但耗时较长,一般需1～3个月	适用于粪便、污水和其他废弃物的消毒处理

51 消毒应遵循什么程序进行？

蛋鸡场应建立针对性强、科学规范、合理性强的消毒程序，根据不同鸡舍的污染程度，舍内是否有鸡、是否发病，以及场内实际环境情况来制定。

对无鸡空舍进行消毒时，常见的消毒程序应为清扫排泄物、清扫舍内污物、高强枪冲洗表面、干燥、屋顶及墙壁地面喷洒消毒液、干燥、甲醛熏蒸消毒，完成清洗消毒后将鸡舍密闭 2 天，彻底通风排除甲醛后安排鸡群入舍，整个消毒过程不少于 15 天。

对带鸡鸡舍进行消毒时，应选择杀菌范围广且对鸡群刺激性小的消毒剂，人工配置药物浓度时，应严格遵循使用说明进行配置和使用。喷雾消毒时，使用电动或机动的喷雾器为佳，喷口向上，消毒动作轻柔，与鸡群保持一定距离，着眼于整个鸡群所在的空间环境进行喷洒消毒，以羽毛与地面微湿为宜，消毒结束开窗通风干燥。

52 如何评估消毒效果？

合理使用特性良好的消毒剂及消毒方式能够有效地控制鸡舍环境卫生，提高蛋鸡健康水平，增强场方经济效益等。为保障消毒效果，应针对不同的消毒剂及消毒方式，选用恰当适用的评估方法，开展消毒评估工作，一般有以下 6 种方法：

（1）空气沉降菌法

该方法主要用于消毒后对鸡舍内的环境中的细菌数量进行测定。按照北京市地方标准《动物养殖场消毒效果评价规范》（DB11/T 1429—2017），舍内面积不大于 50 m² 的，可设置东、西、南、北、中五个检测点，面积每增加 20 m²，多增加 2 个检测点，消毒处理前后，分别于测点进行采样培养，计算杀菌率。带鸡鸡舍内空气平均杀菌率大于 90% 为优，85%～90% 为良，80%～84% 为合格，低于 80% 为不合格；无鸡空舍空气平均杀菌率大于 90% 为合格。

（2）悬液定量杀菌试验

该方法通过将指示菌悬液加入消毒剂溶液中定量混合，等待作用一定时间，使用中和剂消除残留消毒剂影响，接种至平皿或培养基中，经培育后计算其菌落数，并与未加入消毒剂作用的对照组菌液培育后的菌落数相比较，从而判断该消毒剂的杀菌效果。

（3）细胞培养评价法

该方法作为一种传统的消毒剂评估方法，利用体外培养的细胞培育并提取具有活性的病毒，混合消毒剂来判断该药剂对病毒的灭活效果。但此方法耗费时间较长的同时灵敏度也较低。

（4）实时定量 PCR 法（qPCR）

该方法通过引入荧光基团，对病毒核酸扩增时荧光信号累计进行检测和定量分析。该方法快捷高效、特异性强、灵敏度高，但某些情况下容易出现假阳性，应根据被检测的病毒组分和消毒反应结果来选择合适的消毒效果评估方法，从而提高消毒剂效果评价的客观性和准确性。

（5）反转录巢式 PCR 法（RT-nested PCR）

该方法由反转录 PCR 基础上发展而来，在反转录获取 cDNA 后，进行巢式 PCR 扩增，从而来检测病毒 RNA 的表达水平，相比于反转率 PCR，其特异性增高，结果更为可靠，在评估消毒剂 RNA 病毒灭活效果时起到积极作用。

（6）ATP 生物荧光检测法

该方法采样后按照 ATP 检测仪操作说明书进行，用蘸有荧光素酶的无菌棉拭子对物体表面 10 cm×10 cm（4 in×4 in）的方形区域进行有序涂抹采样。采样完成后将棉拭子放入 ATP 生物荧光仪中进行 ATP 荧光值检测，现场读取检测数据。ATP 生物荧光检测仪评价标准参照生产厂家提供的说明书。

53　消毒频次如何确定？

不同的消毒剂、不同的消毒浓度及消毒方式的消毒效果及维持时间之间的差异较大，应根据蛋鸡场内疫病的发生情况来确定本场的消毒频次。当场内无动物疫病发生时，成年蛋鸡鸡舍每周应消毒 2 次，育成鸡鸡舍和雏鸡鸡舍以及场内非鸡舍的其他区域每周应消毒 1 次；当场内有动物疫病发生时，应当适度增加各鸡舍的消毒频次，建议成年蛋鸡鸡舍消毒频次提升到每天 1～2 次，雏鸡鸡舍提升到每天消毒 1 次；当场内发生重大动物疫情时，应当严格按照《重大动物疫情应急条例》等相关规定执行，使用消毒剂应当每间隔 1 天更换不同药物，不得将不同种类的消毒剂随意混合使用。

54　蛋鸡场灭害的种类与方法有哪些？

蛋鸡场灭害的种类主要是蚊、蝇、鼠，主要杀灭方法如下：

（1）灭蚊

做好场区卫生管理，及时清扫场内外污水、杂草、污泥等污物，定期清除各类闲置或废弃的容器。对池塘、河流等水体，建议增加水体流动性，适当放入鱼类，定期检查水体，规范投放安全杀灭虫卵药物，安置灭蚊灯，安装防虫网，严格按照操作说明使用安全性好、效果强、无害的灭蚊药物。

（2）灭蝇

保持场内环境卫生，及时清理鸡舍粪便，特别注意死角中的粪便和污水，每日粪便集中收集，使用塑料薄膜密封覆盖，清除虫卵。定期检查舍内饮水和喂料系统，保证其不漏水、不撒料。可采用灭蝇灯、粘蝇板等物理方法，或规范使用安全高效的毒饵、杀虫喷雾等化学方法杀灭苍蝇幼虫和成虫。

（3）灭鼠

保持鸡舍和周围环境整洁，及时清理掉残存饲料和生活垃圾，强化墙基、地面、门窗等场内建筑,发现洞穴第一时间进行封堵。可采用捕鼠夹、电子捕鼠器等器械灭鼠,捕鼠器应放置在小鼠经常活动区域,定时清洗,经常换饵。选择化学饵剂杀鼠时,要选择低毒药物,明确专人负责撒药、处理尸体等,在小鼠经常活动场所放置毒饵,用统一容器存放并在醒目位置张贴警示标识,确保人员安全。

55 蛋鸡场疫苗选用要点有哪些?

对于蛋鸡场疫苗的选择主要应当注意以下 4 点:

(1)生产厂家

选择疫苗时,应确保该疫苗的生产厂家必须依法持有由农业农村部颁发的《兽药生产许可证》,其生产的疫苗类产品具有合法合规的生产批号。

(2)经销商、零售商

购买疫苗时,应确保销售疫苗的经销商及零售商必须达到兽药《药品经营质量管理规范》(GSP)要求,通过认证取得《兽药经营许可证》。

(3)签收检查

购入疫苗后,要严格把好质量关,签收时认真查看疫苗瓶的外观与标签。遇到缺少瓶身标签、密封性差、无说明书、无生产信息、生产日期模糊、疫苗过期以及疫苗出现沉淀、变色等明显性状改变等异常情况时,应拒绝使用。

(4)疫苗种类及优缺点

兽用疫苗可分为传统疫苗和新型疫苗。根据制作工艺不同,传统兽用疫苗可分为灭活疫苗、弱毒疫苗、单价疫苗、多价疫苗、混合疫苗、同源疫苗、异源疫苗等,新型兽用疫苗可分为基因工程疫苗、基因缺失疫苗、基因工程亚单位疫苗、合成多肽疫苗、病毒-抗体复合物疫苗、转基因疫苗以及核酸疫苗等。不同的疫苗有不同的优缺点,现在主要介绍以下 3 种常见疫苗的优缺点:

一是灭活疫苗。又称作死疫苗,病毒丧失了感染性或毒性,保持有良好的免疫原性,此类疫苗无毒、安全,同时性能稳定,便于保存及运输。缺点是使用灭活疫苗时,只能注射接种,且接种量大,产生免疫力需要的时间长,主要诱导体液免疫,不能产生较好的黏膜免疫等。

二是弱毒疫苗。又称作活疫苗,病毒丧失了致病力或只引起轻微亚临床反应,保持有良好免疫原性,用量少、接种方法多、使用便捷且免疫效果好,可诱导机体细胞免疫、体液免疫及黏膜免疫。缺点是,生物活性稳定性差,毒力较灭活疫苗强且容易产生变异反应,易在运输及储存中丧失活性或者污染,一般情况下需要进行冷冻保存。

三是基因工程疫苗。使用 DNA 重组技术将遗传物质纯化后制得,其针对性强、应激性小、安全性能高、免疫能力强,能够区别主动免疫与自然感染。缺点是费用较高且需要多次的免疫。

56 免疫操作与注意事项有哪些?

常见的免疫方法主要有注射免疫、滴鼻点眼免疫、刺种免疫、饮水免疫以及气雾免疫。根据不同的免疫方法,注意事项有所不同。

（1）注射免疫

需要注意以下六个方面:一是建议在傍晚或者晚上进行注射免疫,降低应激反应。二是注射前后的 2～3 日,在饲料中或饮水中拌入强效多维,降低鸡群应激。三是使用冻干疫苗时,应现用现配,配好的疫苗应在两小时内或其要求时间内完成注射。四是及时更换免疫用注射针头,每注射完成 50 只鸡,应更换新针头,紧急接种疫苗时,应每注射一只鸡更换一次针头。五是油剂疫苗使用时,要提前摇匀回温。六是规范操作。颈部皮下注射时,位置要选在颈后端的 1/3,切实注射入皮下,不可注射至肌肉内,否则被注射鸡可能会出现精神不振、采食下降、缩颈以及日渐消瘦等情况,若注射部位靠近鸡头部时,会引起改该鸡头部肿胀。胸肌注射时,针头应采用 7～9 号的针头,以与注射部位 15°～30°的角度,从背部方向刺入胸肌内,不可垂直刺入,否则可能会刺破胸腔损伤脏器。

（2）滴鼻、点眼免疫

需要注意以下四个方面：一是建议在晚上或傍晚或光线暗的环境内进行免疫,从而尽量降低应激反应。在接种传染性喉气管炎疫苗等反应较重的疫苗时,于每毫升疫苗稀释液中添加 1000～2000 单位的青霉素、链霉素,可明显降低疫苗副反应。二是配置疫苗时,应现用现配,及时使用,可选用蒸馏水、凉开水或者特定的稀释液进行疫苗稀释,且使用时应于冰水中放置。三是进行滴鼻点眼免疫时,应向上提起鸡的头颈部,使头颈保持水平,用手堵塞鸡的一侧鼻孔,疫苗滴入鸡眼和另一侧鼻孔内,稍作停留,等待鸡吸入溶液后再松手。注意滴液时,如出现疫苗溶液外溢的情况,应及时补滴。四是滴液过程中,盛液容器滴嘴应始终保持垂直,同时每滴溶液的疫苗剂量应保持稳定,从而确保每只鸡接种充足且等量的疫苗剂量。

（3）刺种免疫

需要注意以下四个方面：一是缩短使用时间。稀释后疫苗在进行免疫接种时,应于冰水中放置,且应在最短时间内完成接种。二是接种疫苗时,刺种针手柄应避免浸入疫苗中,以免造成疫苗的污染,影响接种效果。三是刺种部位应确保无羽毛覆盖,防止疫苗黏附羽毛,从而导致疫苗接种剂量不足。四是完成刺种免疫 7 日后,应当及时检查被接种部位是否有结痂的情况,若无结痂或结痂较差,应当及时进行补免以确保免疫效果。

（4）饮水免疫

需要注意以下三个方面：一是饮水器具不得使用金属制品,塑料制品使用居多,饮水器具应做好清洁,使用干净、无氯、无铁的水冲洗后放置于非强光照射、环境温度较低的阴凉处干燥,免疫前后 48 小时内禁用一切消毒剂和洗洁剂。二是饮水免疫时,免疫剂量应适度加大,一般加大至注射剂量的 2～3 倍。三是饮水免疫前 2 小时,应停止鸡群饮水,确保免疫时鸡群能于 2 小时内饮入充足疫苗剂量的水,免疫完成半小时后再正常供应无疫苗的鸡群饮用水。夏季高温天气建议于清晨气温较低时进行免疫。

（5）气雾免疫

需要注意以下五个方面:一是免疫地点应在封闭的鸡舍内,应关闭鸡舍通风设备,静置一段时间后再进行免疫,对于开放式鸡舍,应使用防风窗帘等封住开放位置,待形成封闭空间后实行免疫。二是免疫时应注意舍内的温度及湿度。应选择 15～25 ℃或再低些的温度,不建议在 4 ℃以下或 25 ℃以上进行气雾免疫。若需在25 ℃以上的鸡舍内免疫,可先在舍内洒水提高空气相对湿度至 70% 及以上,避免疫苗气雾迅速蒸发。三是建议在光线较暗的黄昏时进行免疫,天气炎热时,应选择在早晚凉爽时进行,以保障效果。四是气雾免疫时,免疫剂量应适度加大,一般加大至 2 倍,同时鸡日龄越小,喷雾雾滴应越大。五是免疫人员在操作时,应佩戴面罩遮掩口鼻,以避免吸入造成影响。

57　驱虫的种类与方法有哪些?

蛋鸡场常见的驱虫可分为体内驱虫和体外驱虫。蛋鸡体外主要有螨虫及羽虱等寄生虫;体内主要有绦虫、蛔虫及球虫等寄生虫。驱虫的防治方法主要是以下三种:

（1）科学饲养

日常饲养时,要合理控制温、湿度与光照,按时通风换气,避免养殖密度过高,保持鸡舍内空气流畅,避免光照过强或过弱。饮食选择营养丰富、配方合理的全价饲料,同时保持充足饮水,注意水质干净无污染,饮食及饮水用具定期清洗,保持卫生。

（2）环境卫生

寄生虫病常发于环境卫生差、设施简陋、养殖密度高的鸡场,所以要做好场内各区域的环境卫生与清洗消毒工作。对生活区及养殖区产生的垃圾、粪便及其他污物及时清理,对不同区域采用具有针对性的方式,使用范围广、效果好、刺激性小、无残留的消毒药物,定期进行合理清洗消毒。

（3）合理用药

驱虫药物应注意选择及合理应用,目前市面上销售的常见寄生虫防治药物,基本都能满足鸡场防治需求,应严格按照说明书规范使用,不可连续多年采用同一种驱虫药,避免耐药性的产生。寄生虫病应注重防大于治,综合本场的所在地流行规律、季节等情况选择适合的预防性药物,当蛋鸡已出现寄生虫病症状时,初期应果断采取治疗性药物,阻止寄生虫进一步伤害鸡群,阻止寄生虫病流行。

58 免疫与驱虫效果如何监测?

鸡群使用疫苗免疫后,体内产生的特异性抗体,通过对鸡群特性行抗体进行监测来评价免疫效果。主要做法是在疫苗免疫 3～4 周后,对鸡群开展随机抽样,或跟踪疫苗效果,定期监测鸡群的免疫抗体效价。根据疫病流行率和置信水平按比例抽取,确定监测数量。采集血样前,要认真查阅鸡群养殖档案,了解防疫信息和健康状况。采样最好在投放饲料前进行,一般采用家禽翅静脉采血方式,如果鸡群日龄较小,可采用心脏采血。放置血样的保温容器应严格确保其密封性,防止渗漏,严禁暴晒,保持在 4～8 ℃冷链运输,并在 24 小时内及时转运至实验室内。血清样品到达实验室后,在室温静置 2～4 小时后分离血清,当环境温度过低时,可在 37 ℃恒温箱内放置 1 小时后分离血清,分离血清时,2000 转每分钟离心 10 分钟取上清,备用,留样-20 ℃冷冻保存,保存时间一般为 6 个月。采样时应注意,每只家禽采血量不少于 2 mL,样品采集后填写采样单,清楚记录被采样鸡群的免疫次数、时间、剂量、疫苗品种、生产厂家、生产批号等相关背景情况,对每一份采集的样品均要进行编号,采样单编号要与样品一致,连续编号。可以采用:"区名第一个字母＋动物品种代码＋时间＋序号",如六合区鸡血样共 30 份,则编号为"lhC20200326/1—30",动物品种鸡、鸭、鹅代码为其英文第一个字母,分别是 C、D、G。

　　驱虫主要分为体内驱虫和体外驱虫,体外驱虫主要通过镜检法判断驱虫效果,通过选取一定量的家禽,采取驱虫后 6 h、12 h、24 h、48 h 后家禽体表皮屑的样品,放置显微镜下观察,并对视野内寄生虫数量进行计算,从而判断驱虫效果。体内驱虫主要是通过饱和盐水漂浮法检查粪便虫卵,判断驱虫效果,选取一定量的家禽,并分别于 6 h、12 h、24 h、48 h 后检查搜集的粪便,计算随粪便排出的虫卵数,判断驱虫效果。

59　如何开展病死鸡及污物的无害化处理?

　　蛋鸡场应严格按照《病死及病害动物无害化处理技术规范》相关要求,规范开展无害化处理工作,做好以下 6 方面工作:

　　(1)做好巡查报告

　　养殖人员在巡查发现死鸡时,要对死鸡进行初步的判断,若判断为普通疾病或自然意外死亡,应按照要求及时消毒与登记,将死鸡用生物安全袋包装好后送往暂存点。如是突然病死或死因不明时,应当立刻向所在地农业农村主管部门或者动物疫病预防控制机构报告,同时落实好隔离消毒等临时性紧急管控措施,不得随意剖检,只有怀疑染疫时才能由动物疫病预防控制机构等专业部门的技术人员在专门的地点进行检查或者剖检,同时做到不出售、不转运、不加工和不食用。

　　(2)设立尸体暂存点

　　养殖场应划定独立的区域设立暂存点,并配备冰柜等冷冻设备,采用冷冻方式对死鸡尸体进行暂存,防止腐败,尸体包装袋应做到密闭结实,防止渗水及破损,使用后即刻销毁。尸体暂存点应做到防水、防渗漏、易清洗、易消毒,同时设立明显警示标识,定期清扫污物,对暂存点内及周边环境定期消毒,确保生物安全。

　　(3)做好运输车辆的清洗消毒

　　病死鸡的运输车辆应选择符合《医疗废物转运车技术要求(试

行)》(GB 19217—2003)要求的车辆,或者专用封闭型箱式车辆,车厢四面与车底应当选用耐腐蚀的材料,并做好防渗措施。使用车辆运输死鸡过程中,应张贴明显的警示标识,卸载后,应对转运车辆、人员及相关工具等进行彻底清洗、消毒,可使用2%～3%的氢氧化钠溶液对车辆四壁、底座、轮胎以及装卸口等处进行彻底消毒。

(4)严格人员和场所消毒

消毒及无害化处理等作业人员应经操作培训,具备动物防疫相关知识,科学合理做好病死鸡的收集、暂存、转运以及无害化处理操作等。收集、暂存、转运及进行无害化处理操作时,作业工人应正确佩戴口罩、护目镜,规范穿戴防护服、胶鞋、手套等防护用具,操作全程使用专用的收集、包装、转运、清洗、消毒等工具及器材等。操作完毕后,应及时对防护用具进行处理,一次性防护用品及时销毁,循环使用防护用品及时消毒处理。对涉及的各场所,可选用3%～5%的氢氧化钠溶液进行彻底消毒。

(5)加强污物处理

被污染的垫料、饲料等污物,应采用深埋、堆积发酵等无害化处理方法。过期的疫苗、使用后的各类药瓶及生产中的各种医疗废弃物,应根据各废弃物的性质,选择煮沸、焚烧、深埋等无害化处理方法,不可随意丢弃。对涉及污物处理的各场所、工具、设备及人员进行彻底清洗和消毒。

(6)做好台账记录工作

无害化处理各环节应做好台账记录工作,病死鸡及污物收集、暂存、转运及无害化处理各环节的视频记录与车辆信息有条件的可做好保存。送往场外无害化处理中心应做好运出的台账和记录,记录信息应包括病死鸡数量、标识号、消毒方法、运输人员、人员联系方式、运输时间、车牌号码、目的地以及作业人员等。无害化处理各环节台账和记录信息应至少保存5年以上。

60 场内无害化处理中心的建设要点有哪些？

场内无害化处理中心的建设主要有以下 5 项要点：一是要符合无害化处理场所的动物防疫条件；二是有与其处理规模相适应的设施设备；三是不得处理本养殖场区域范围外的病死禽及病害禽产品；四从事病死畜禽和病害畜禽产品无害化处理的人员，应当具备相关专业技能，掌握必要的安全防护知识；五是符合所在辖区内农业农村主管部门的其他要求。

61 蛋鸡疾病净化的意义？

蛋鸡疫病防控中，蛋鸡疫病消灭是其最终目标，蛋鸡疫病净化是其重要路径。做好蛋鸡疫病净化，可减少家禽死淘数量，降低兽药使用量，减少资源消耗，提高蛋鸡生产性能和鸡蛋产品质量，进一步促进蛋鸡业高质量发展。深入贯彻落实《中华人民共和国动物防疫法》，开展动物疫病净化工作，加强蛋鸡场等各类养殖场生物安全，是我国作为畜牧业大国升级动物防疫工作的重要措施。

62 蛋鸡可净化疾病种类与方法有哪些？

蛋鸡可净化的种类包括禽白血病、禽沙门氏菌病等垂直传播性疫病以及禽流感、新城疫等重大动物疫病。净化疫病可从源头提高蛋鸡健康水平，主要措施可参考《规模化种鸡场主要动物疫病净化技术指南（试行）》（2014 版）及《动物疫病净化场评估技术规范（2021版）》。

四、治疗措施

63　可用于治疗蛋鸡输卵管炎的中草药有哪些？

现代集约化、规模化养殖中，动物在少阳光、高密度、不透气、高应激的饲养条件下，普遍为阳虚气虚体质，特别容易发生呼吸道疾病和各种炎症（如输卵管炎），中兽医认为是湿证。

中草药中的黄芪、党参、白术、防风、甘草、女贞子、淫羊藿等组合的方剂可助蛋鸡补中益气、健脾补虚；蒲公英、板蓝根、马齿苋、地锦草、车前草、益母草、当归、白头翁、黄连、黄柏、秦皮、穿心莲、大青叶等中药可清热解毒、活血化瘀。中药配伍应主从有序，方证结合，切记盲目用药。

64　治疗蛋鸡输卵管炎常用的中草药组方有哪些？

中药组方1：益阳康（党参、白术、黄芪、茯苓、甘草等），500 g兑水1 000 kg或500 g拌料500 kg，雏鸡连用15天，免疫期间或天气骤变时连用7天。

中药组方2：扶正解毒散（板蓝根、黄芪、淫羊藿等），1 000 g拌料500 kg，长期使用或每月使用一周。

中药组方3：玉屏风散（防风、黄芪、白术）按1.5%的比例添加到饲料中。

65　可用于治疗蛋鸡输卵管炎的营养性药物成分有哪些？

（1）大蒜素

大蒜素是从大蒜中分离而得，具有抑菌消炎、抗病毒、降血压、降血脂等多种生物学功能。大蒜素能透过细胞膜进入致病菌的细胞质,使细菌因缺乏半胱氨酸和巯基失去活性而不能进行生长繁殖。大蒜素还能促进 T 细胞活化,增强机体自身免疫调节能力。在饲料中添加大蒜素,能够有效抑制肠道中大肠杆菌、沙门氏菌等致病菌的增殖,减少病原微生物通过泄殖腔进入输卵管的风险,对输卵管炎症有一定消炎作用。

(2)蒲公英提取物

蒲公英提取物具有广谱抑菌作用,对细菌、真菌、螺旋体等多种病原微生物均有不同程度的抑制作用,还具有抗炎作用。

(3)血根碱

血根碱具有抑菌、抗炎、杀虫等作用。通过血根碱对蛋鸡输卵管炎的预防和治疗试验得出,血根碱能起到预防和治疗蛋鸡输卵管炎的作用,以 3.75 mg/kg 的预防效果最佳,17.75 mg/kg 的治疗效果最佳。

(4)挥发油

柠檬油、茶树油、留兰香油等植物挥发油可能是通过改变试验菌细胞膜的通透性,使菌细胞皱缩破裂,以发挥抑菌及杀菌的作用。

(5)天然多糖

天然多糖是由单糖通过糖苷键连接形成的天然高分子聚合体,是天然植物、动物、微生物中普遍存在的一类生物大分子,具有抗菌、抗病毒、免疫调节等作用。目前,在蛋鸡养殖中应用的有香菇多糖、黄芪多糖、紫花苜蓿粗多糖等。

66　可用于治疗蛋鸡输卵管炎的抗微生物药有哪些?

选择治疗蛋鸡输卵管炎的抗微生物药应该是把最敏感、有效的经典抗菌药物作为首选,其次再结合药敏试验和蛋鸡所处的生产周期,择优使用。用于治疗蛋鸡输卵管炎的抗微生物药推荐选用如表 5:

表5 治疗蛋鸡输卵管炎的抗微生物药的选择

顺序	种类	具体药物成分
第一选择	四环素类	四环素、土霉素、金霉素
	磺胺类/抗菌增效剂	磺胺/甲氧嘧啶
	青霉素类	青霉素
	酰胺醇类	氟苯尼考
	林可酰胺类	林可霉素
	截短侧耳素类	泰妙菌素、沃尼妙林
	氨基糖苷类	新霉素、链霉素、安普霉素、庆大霉素
第二选择	β-内酰胺类	氨苄西林、阿莫西林、阿莫西林/克拉维酸
	氨基糖苷类	大观霉素
	大环内酯类	泰乐菌素、替米考星、泰万菌素
最后选择	氟喹诺酮类	恩诺沙星、环丙沙星、达氟沙星
	第3、4代头孢菌素	头孢噻呋、头孢喹肟

67 可用于治疗蛋鸡输卵管炎的抗寄生虫药有哪些？

早期寄生虫感染可选用相应药物拌料治疗，但中晚期时因可能对蛋鸡产蛋造成不可逆的影响，治疗价值不大。

（1）前殖吸虫早期治疗

可采用四氯化碳（2～3 mL/只鸡）经胃管投喂，或经嗉囊注射；六氯乙烷（200～500 mg/只鸡）拌料，1日1次，连用3日；氯硝柳胺（100～200 mg/kg 体重）、阿苯达唑（25～30 mg/kg 体重）、硫氯酚（100～200 mg/kg 体重）、丙硫苯咪唑（120 mg/kg 体重）拌料或口服。

（2）组织滴虫治疗

可采用丙硫苯咪唑（40 mg/kg 体重）拌料 1 次内服；2-氨基-5-硝基噻唑（0.05%～0.1%拌料）连续饲喂 14 日。治疗时应配合使用维生素 K3 以减少出血。注意早期驱除异刺线虫进行预防。

68　可用于治疗蛋鸡输卵管炎的辅助性药物成分有哪些？

（1）抗菌肽

抗菌肽是一类具有广谱抗细菌、真菌、病毒、原虫、抑杀肿瘤细胞等活性作用的多肽，由多种生物细胞特定基因编码，经外界条件诱导产生，广泛存在于自然界的各种生物中，是天然免疫防御系统的重要组成部分。抗菌肽可抑制杀灭革兰氏阳性菌、革兰氏阴性菌以及兼性菌，能够通过与病毒的包膜结合抑制病毒复制、干扰病毒的组装合成，发挥抗病毒作用，能够抑制炎性因子如 IEF-r、白介素-6（IL-6）、肿瘤坏死因子 α（TNF-α）的相关基因转录表达、促进炎性反应物质的释放，防止引起组织损伤和炎症的毒性组分的产生。

（2）白细胞介素

白细胞介素是一种免疫调节剂，一种可以替代传统疗法的新型治疗剂。如白细胞介素-2，相关研究发现，重组鸡 IL-2 对新城疫-禽流感-法氏囊-传染性支气管炎四联油乳剂灭活苗有较强的免疫增强作用，以注射 0.10 mg 和 0.20 mg IL-2 时效果明显，一方面抑制了肠道致病菌侵入输卵管，另一方面增强了四联疫苗的免疫作用，从而降低了这 4 种病毒病引发输卵管炎的概率。

69　可用于治疗蛋鸡输卵管炎的微生态制剂有哪些？

对宿主有益的益生菌或其代谢产物统称为微生态制剂。微生态制剂对输卵管炎没有直接的治疗作用，但对其他药物治疗输卵管炎的效果具有一定的促进作用，主要通过调节蛋鸡肠道的菌群平衡、增强机体免疫力以达到预防疾病的作用，同时还能利用有益菌群自身产生的营养物质、分泌的酶等提高料蛋比、改善蛋品质,具有无毒副作用、无药物残留、无污染、安全可靠等优点,对于防治蛋鸡输卵管炎具有较好的应用效果。目前养殖生产中允许使用的微生态制剂包括乳酸杆菌类、芽孢杆菌类、酵母类等。

70 蛋鸡场常用的酸化剂有哪些?

(1)单一无机酸化剂

目前仅磷酸作为复合酸化剂的组分来添加,且用量较少。

(2)单一有机酸化剂

有机酸化剂按主要功能分为 3 类:第一类,苹果酸、柠檬酸、乳酸、延胡索酸等,通过降低肠道 pH 来达到抑菌促消化的作用;第二类,山梨酸、甲酸、乙酸等,除降低肠道 pH 外,还可破坏某些革兰氏阴性菌的细胞膜、干扰酶的合成,从而起到抑菌、杀菌作用;第三类,丁酸梭菌、丁酸钠、三丁酸甘油酯等,除抑菌、促消化外,还可修复受损的肠道,以丁酸为典型代表,但由于丁酸不易保存,在饲料加工和养殖生产中常用丁酸钠来替代。

(3)复合酸化剂

将 2 种或 2 种以上的单一酸化剂按照科学的比例复配形成复合酸化剂,主要有 3 类:第一类,由某几种酸按照一定比例组合而成的全酸复合酸化剂,比单一酸化剂的抑菌范围更广,但由于缓冲能力不足,易造成肠道 pH 的波动,难以形成稳定的消化环境,正在逐步被淘汰或改良;第二类,由有机酸和有机酸盐按照一定的比例复配而成的酸盐复合酸化剂,其中的有机酸盐是以盐的形态而非酸的形态存在,因而相对更稳定,不会造成动物采食后胃肠道 pH 的急剧下降,并且当消化道内容物逐渐排空后 pH 逐渐回升,有机酸盐又能通过水解产生有机酸,使消化道 pH 在很长一段时间内可以稳定在一个较低水平;第三类,利用脂化缓释技术将酸化剂进行包被制成微囊化处理的包被缓释型酸化剂,该技术控制了 H^+ 的释放速度,从而延伸了酸化剂在消化道内的作用长度。

71 蛋鸡的给药方法有哪些？

（1）饮水给药法

该方法适用于群体发病、食欲减退而仍能饮水的蛋鸡。将药物溶解在饮水中，让蛋鸡在饮水的同时饮入药物，达到预防或治疗疾病的目的。

（2）拌料给药法

该方法适用于预防性用药，尤其适用于几日、几周，甚至几个月的长期性投药，但对于缺乏食欲的患病鸡不宜采用。将药物均匀地拌于日料中，让蛋鸡在吃食的同时吃进药物。本法简便易行，节省人力，减少应激，效果可靠。

（3）气雾给药法

该方法适用于治疗禽慢性呼吸道病和传染性鼻炎，也适应于防治禽白痢、大肠杆菌病、巴氏杆菌病、传染性喉气管炎及其并发症，尤其适合于大型蛋鸡养殖场。该方法使用专用器械，使药物气雾化、分散成一定直径的微粒弥散到空间中，让蛋鸡通过呼吸道吸入体内或作用于体表（皮肤、黏膜）的一种给药方法。用药期间禽舍需要密闭。

（4）体外用药法

体外用药法如喷雾、喷洒、熏蒸等，将药物用于设备、食槽、圈舍、用具、种蛋、鸡场环境或者鸡的体表等，以达到杀灭病原微生物和寄生虫等的目的。体外给药时，根据不同用药目的，选择适宜的外用药物，并严格掌握药物的浓度，防止因药物毒性造成蛋鸡中毒。在应用熏蒸法杀灭微生物时，要注意熏蒸时间，用药后要立即通风，避免对鸡体造成过度刺激，尤其是对雏鸡更应注意。

（5）口服给药法

该方法适用于饲养量少的养殖场或个别鸡只的治疗。该方法虽费时费力，剂量准确、效果确实。对于某些弱雏，经口注入无机盐口服液、维生素及葡萄糖混合剂,常可提高成活率和促进生长。口服给药时,应特别注意切勿将药物(包括药液)投入气管,以免引起窒息死亡。

(6)注射给药法

注射给药法主要有肌肉注射、皮下注射、气管内注射及静脉注射等,适应于逐只防治疾病和治疗病情严重的鸡只。

72 不同给药途径之间的剂量如何换算?

用药前应根据药物使用说明书出具的给药途径进行给药,并根据相应途径推荐的剂量、疗程等科学、规范使用。

一般固体、半固体剂型的药物计量单位是千克(kg)、克(g)、毫克(mg),也有公斤、市斤、两等剂量单位;1克=1 000毫克=1 000 000微克,1公斤=1千克=1 000克,1市斤=500克,1两=50克。液体剂型的药物计量单位是毫升、升;1升=1 000毫升。

百分比(%)与ppm的换算方法是将百分比的小数点向右移四位,如0.02%=200 ppm;ppm换算成百分比则为将小数点向左移四位,如5 000 ppm=0.5%。

蛋鸡给药时常用"剂量/只"表示每只蛋鸡用药的剂量,"剂量/公斤"表示蛋鸡每公斤体重的用药量,10%磺胺嘧啶注射液只指100毫升注射液中含有10克磺胺嘧啶。

常用计量单位换算方法如表6所示:

表6 常用计量单位换算表

类别	单位名称	符号	换算
重量(质量)	吨	t	1吨=1000公斤
	千克、公斤	kg	1公斤=1000克、1公斤=2斤
	克	g	1克=1000毫克、1两=50克
	毫克	mg	

类别	单位名称	符号	换算
容量	立方米	m³	1 立方米＝1 000 升
	升	L	1 升＝1000 毫升
	毫升	mL	
浓度	百分之一	％	1％＝10 000 ppm
	千分之一	‰	1‰＝1 000 ppm
	百万分之一	ppm	1 ppm＝1 000 ppb

73 蛋鸡用药有哪些配伍禁忌？

抗生素与抗生素之间、抗生素与其他药物混合使用时，有的产生增强相加作用，有的产生拮抗作用，有的甚至产生毒副作用（如青霉素与四环素、土霉素与金霉素等）。拮抗作用和毒副作用即为用药前应注意的药物间配伍禁忌。因此，建议蛋鸡养殖场在选用兽药前要仔细查阅最新版本的兽药典，了解所用药物和其他药物间的配伍禁忌，减少兽药在蛋鸡体内过量积累，在减轻脏器负担的同时，也避免疗效抵消或药物中毒所产生的不必要的经济损失。

74 蛋鸡上有哪些慎用药和禁用药？

（1）全周期禁止使用的药物

一是禁用药。① 农业农村部公告第 250 号《食品动物中禁止使用的药品及其他化合物清单》中列出的己烯雌酚等性激素类、玉米赤霉醇等具有雌激素样作用的物质、氯霉素及其制剂、呋喃唑酮等硝基呋喃类、安眠酮等催眠镇静类等 21 类禁用药物；② 农业部公告第 560 号列出的抗病毒药物：金刚烷胺、金刚乙胺、阿昔洛韦、吗啉（双）胍（病毒灵）、利巴韦林等及其盐、酯及单、复方制剂；③ 非泼罗尼及相关制剂。

二是停用药。洛美沙星、培氟沙星、氧氟沙星、诺氟沙星等 4 种原料药的各种盐、酯及其各种制剂;喹乙醇、洛克沙肿、氨苯肿酸等 3 种兽药的原料药及各种制剂。

三是淘汰药。2007 年 4 月 4 日农业部公告第 839 号公布的 48 种淘汰兽药。

四是假劣兽药。

（2）产蛋期禁止使用的药物

一是磺胺类药物。这类药只能用于雏鸡和青年鸡。如果上述药物用于产蛋鸡,其通过与碳酸酐酶结合,会降低活性,从而使碳酸盐的形成和分泌减少,使鸡产软壳蛋和薄壳蛋。常见的有磺胺嘧啶、磺胺噻唑、磺胺氯吡嗪、增效磺胺嘧啶等药物,多用于防治鸡白痢、球虫病、盲肠炎、肝炎和其他细菌性疾病。

二是呋喃类药物。呋喃类药物通过抑制乙酰辅酶 A 干扰细菌糖代谢的早期阶段而发挥其抗菌作用,主要用于蛋鸡肠道感染。使用时应搅拌均匀,不可大剂量长期使用,避免引起采食量下降等毒性反应,导致蛋鸡的性成熟、开产时间延缓。

三是广谱抗生素。常见的是金霉素,对革兰氏阴性菌、革兰氏阳性菌、霉形体、支原体、立克次氏体、钩端螺旋体及某些原虫有抑制作用,高浓度有杀菌作用;对鸡白痢、鸡伤寒 、鸡霍乱和滑膜炎霉形体有良效,但副作用较大,损坏肝脏,对消化道有刺激作用,能与消化道中的 Ca^{2+}、Mg^{2+} 等形成络合物阻碍钙的吸收,还能与血浆中的 Ca^{2+} 结合,形成难溶的钙盐排出体外,从而使鸡体缺钙,阻碍蛋壳的形成,导致产蛋率下降、产软壳蛋。

四是其他药物。如大多数抗球虫类药物、地塞米松等。

（3）慎重选用因用药剂量等原因可能影响产蛋的药物

一是含有磺胺类成分的药物。含有磺胺类成分的药物都会抑制产蛋。

二是肾上腺皮质激素类的药物。具有抗炎、抗毒素、抗过敏等多种作用,常见的有地塞米松。产蛋鸡应用此类药物治疗疾病时,会明显抑制卵巢和卵泡的发育,致使产蛋率明显下降;停药后,产蛋率回升依然很缓慢,产蛋率仍比用药前至少低 9 个百分点。

三是雄性激素类药物,如丙酸睾酮、甲睾酮等。此类药能抑制下丘脑分泌促进性腺激素,使机体内分泌紊乱而影响产蛋,主要用于抱窝鸡的醒抱,鸡醒抱后应立即停用,若反复使用会抑制母鸡排卵,影响产蛋。

四是氨基糖苷类抗生素。产蛋鸡在使用此类药物后,从产蛋率上看有明显下降,尤其是链霉素在停药后,产蛋率回升较慢,对产蛋性能有影响。

五是拟胆碱类和巴比妥类药物。如新斯的明、氯甲酰胆碱和巴比妥类药物都会影响鸡的子宫机能,引起产蛋周期异常,蛋壳变薄。

六是其他慎用药,如土霉素。

75 蛋鸡淘汰应注意哪些方面?

在日常饲养过程中个别淘汰的弱鸡、病鸡,应该按照农业农村部《病死及病害动物无害化处理技术规范》进行处理。

对达到饲养周期(500 日龄)后需要进行群体淘汰的蛋鸡,在淘汰前应该严格执行所用药物的休药期并配合动物卫生监督机构做好淘汰鸡的检疫工作。淘汰后对空置的鸡舍按照"消毒-清洗-消毒-再消毒-空置"的程序进行处置后再引入鸡只饲养。

五、附　录

《动物疫病净化场评估管理指南》(节选)

5　种鸡场主要疫病净化标准

5.1　禽白血病净化标准

5.1.1　净化标准

同时满足以下要求,视为达到净化标准:

(1)种鸡群抽检,禽白血病病原学检测均为阴性;

(2)连续两年以上无临床病例;

(3)现场综合审查通过。

5.1.2　抽样检测方法

净化评估专家负责设计抽样方案并监督抽样,所在地各级动物疫病预防控制机构配合完成。

表1　净化评估抽样检测方法

检测项目	检测方法	抽样种群	抽样数量	样本类型
病原学检测	p27 抗原 ELISA	产蛋鸡群	500 枚种蛋(随机抽样,覆盖不同栋鸡群)	种蛋
	病毒分离(DF-1 细胞)	种鸡群	单系 50 份(随机抽样,覆盖不同栋鸡群)	全血

注:p27 抗原检测全部为阴性,实验室检测通过;p27 抗原检测阳性率高于1%,实验室检测不通过;检出 p27 抗原阳性且阳性率 1% 以内,采用病毒分离进行复测,病毒分离全部为阴性,实验室检测通过,病毒分离出现阳性,实验室检测不通过。

5.2 鸡白痢净化标准

5.2.1 净化标准

同时满足以下要求,视为达到净化标准:

(1)血清学抽检,祖代以上养殖场阳性率低于 0.2%,父母代场阳性率低于 0.5%;

(2)连续两年以上无临床病例;

(3)现场综合审查通过。

5.2.2 抽样检测方法

净化评估专家负责设计抽样方案并监督抽样,所在地各级动物疫病预防控制机构配合完成。

表 2 净化评估实验室检测方法

检测项目	检测方法	抽样种群	抽样数量	样本类型
抗体检测	平板凝集	种鸡群	按照证明无疫公式计算: $CL=95\%$,$P=0.5\%$ (随机抽样,覆盖不同栋鸡群)	血清

5.3 高致病性禽流感净化标准

5.3.1 净化标准

同时满足以下要求,视为达到免疫净化标准:

(1)种鸡群抽检,H5 和 H7 亚型禽流感病毒免疫抗体合格率90% 以上;

(2)种鸡群抽检,H5 和 H7 亚型禽流感病原学检测均为阴性;

(3)连续两年以上无临床病例;

(4)现场综合审查通过。

5.3.2 抽样检测方法

净化评估专家负责设计抽样方案并监督抽样,所在地各级动物疫病预防控制机构配合完成。

表3 免疫净化评估实验室检测方法

检测项目	检测方法	抽样种群	抽样数量	样本类型
病原学检测	PCR（H5/H7）	种鸡群	按照证明无疫公式计算（CL＝95％，P＝1％）；随机抽样，覆盖不同栋舍鸡群	咽喉和泄殖腔拭子
抗体检测	HI（H5/H7）	种鸡群	按照预估期望值公式计算（CL＝95％，P＝90％，e＝10％）；随机抽样，覆盖不同栋鸡群	血清

5.4 新城疫净化标准

5.4.1 净化标准

同时满足以下要求，视为达到免疫净化标准：

（1）种鸡群抽检，鸡新城疫病毒免疫抗体合格率90％以上；

（2）种鸡群抽检，鸡新城疫病原学检测均为阴性；

（3）连续两年以上无临床病例；

（4）现场综合审查通过。

5.4.2 抽样检测方法

净化评估专家负责设计抽样方案并监督抽样，所在地各级动物疫病预防控制机构配合完成。

表4 免疫净化评估实验室检测方法

检测项目	检测方法	抽样种群	抽样数量	样本类型
病原学检测	PCR及序列分析	种鸡群	按照证明无疫公式计算（CL＝95％，P＝1％）；随机抽样，覆盖不同栋舍鸡群	咽喉和泄殖腔拭子
抗体检测	HI	种鸡群	按照预估期望值公式计算（CL＝95％，P＝90％，e＝10％）；随机抽样，覆盖不同栋鸡群	血清

5.5 现场综合审查

5.5.1 国家级动物疫病净化场现场综合审查

依据 5.5.3 开展现场综合审查并打分。必备条件全部满足,总分不低于 90 分,且关键项(＊项)全部满分,为国家级动物疫病净化场现场综合审查通过。

5.5.2 省级动物疫病净化场现场综合审查

依据 5.5.3 开展现场综合审查并打分。必备条件全部满足,总分不低于 80 分,且关键项(＊项)全部满分,为省级动物疫病净化场现场综合审查通过。

5.5.3 种鸡场主要疫病净化现场审查评分表

类别	编号	具体内容及评分标准	关键项	分值	得分	合计
必备条件	Ⅰ	土地使用应符合相关法律法规与区域内土地使用规划,场址选择应符合《中华人民共和国畜牧法》和《中华人民共和国动物防疫法》有关规定	必备条件			
	Ⅱ	应具有县级以上畜牧兽医主管部门备案登记证明,并按照农业农村部《畜禽标识和养殖档案管理办法》要求,建立养殖档案				
	Ⅲ	应具有县级以上畜牧兽医主管部门颁发的《动物防疫条件合格证》,两年内无重大疫病和产品质量安全事件发生记录				
	Ⅳ	种畜禽养殖企业应具有县级以上畜牧兽医主管部门颁发的《种畜禽生产经营许可证》				
	Ⅴ	应有病死动物和粪污无害化处理设施设备,或有效措施				
	Ⅵ	祖代禽场种禽存栏 2 万套以上,父母代种禽场种禽存栏 5 万套以上(地方保种场除外)				

类别	编号	具体内容及评分标准	关键项	分值	得分	合计
人员管理5分	1	应建立净化工作团队,并有名单和责任分工等证明材料,有员工管理制度		1		
	2	全面负责疫病防治工作的技术负责人应具有畜牧兽医相关专业本科以上学历或中级以上职称,从事养禽业三年以上		1.5		
	3	应有员工疫病防治培训制度和培训计划,有员工培训考核记录		0.5		
	4	养殖场从业人员应有健康证明		1		
	5	本场专职兽医技术人员至少1名获得《执业兽医师资格证书》,并有专职证明材料(如社保或工资发放证明等)		1		
结构布局10分	6	场区位置独立,与主要交通干道、居民生活区、生活饮用水源地、屠宰厂(场)、交易市场隔离距离要求见《动物防疫条件审查办法》		2		
	7	场区周围应有围墙、防风林、灌木、防疫沟或其他物理屏障等隔离设施或措施		1		
	8	养殖场应有防疫警示标语、警示标牌等防疫标志		1		
	9	办公区、生活区、生产区、粪污处理区和无害化处理区应严格分开,界限分明;生产区距离其他功能区50 m以上或通过物理屏障有效隔离		2		
	10	应有独立的孵化厅,布局结构和人员的流动应符合生物安全要求		2		
	11	场内净道与污道应分开,如存在部分交叉,应有规定使用时间和消毒措施		2		

类别	编号	具体内容及评分标准	关键项	分值	得分	合计
栏舍设置5分	12	鸡舍应为全封闭式		2		
	13	鸡舍通风、换气和温控等设施应运转良好		1		
	14	鸡舍应有饮水消毒设施及可控的自动加药系统		1		
	15	笼养方式养殖场应有自动清粪系统		1		
卫生环保7分	16	场区应无垃圾及杂物堆放		1		
	17	场区实行雨污分流,符合 NY/T 682 的要求		1		
	18	生产区应具备防鸟、防鼠、防虫媒、防犬猫进入的设施或措施		2		
	19	场区禁养其他动物,并应有防止其他动物进入场区的设施或措施		1		
	20	应有固定的鸡粪贮存、堆放设施设备和场所,存放地点有防雨、防渗漏、防溢流措施		1		
	21	水质检测应符合人畜饮水卫生标准		0.5		
	22	应具有县级以上环保行政主管部门的环评验收报告或许可		0.5		
无害化处理7分	23	应有粪污无害化处理制度,场区内应有与生产规模相匹配的粪污处理设施设备,宜采用堆肥发酵方式对粪污进行无害化处理,处理结果应符合 NY/T 1168 的要求		2		
	24	应有病死鸡无害化处理制度,无害化处理措施见《病死及病害动物无害化处理技术规范》		2		
	25	病死鸡无害化处理设施或措施应运转有效并符合生物安全要求		2		
	26	应有完整的病死鸡无害化处理记录并具有可追溯性		1		

类别	编号	具体内容及评分标准	关键项	分值	得分	合计
消毒管理 12 分	27	场区入口应设置车辆消毒池、覆盖全车的消毒设施以及人员消毒设施		1		
	28	应有车辆及人员出入场区消毒及管理制度和岗位操作规程,并对车辆及人员出入和消毒情况进行记录		2		
	29	生产区入口应设置人员消毒、淋浴、更衣设施		1		
	30	有本场职工、外来人员进入生产区消毒及管理制度,有出入登记制度,对人员出入和消毒情况进行记录		2		
	31	每栋鸡舍入口应设置消毒设施,应有执行良好记录		1		
	32	栋舍、生产区内部有定期消毒措施,有消毒制度和岗位操作规程,对栋舍、生产区内部消毒情况进行记录		1		
	33	应有种蛋孵化入孵和出雏消毒及管理制度,并对消毒情况进行记录		1		
	34	应有种蛋收集、储存库和种蛋的消毒及管理制度,并对消毒情况进行记录		1		
	35	应有消毒液配制和管理制度,有消毒液配制及更换记录		1		
	36	应开展消毒效果评估,并有相关记录		1		

类别	编号	具体内容及评分标准	关键项	分值	得分	合计
生产管理10分	37	应采用按区或按栋全进全出饲养模式		2		
	38	应制定投入品(含饲料、兽药、生物制品)使用管理制度,应有投入品使用记录		2		
	39	应将投入品分类分开储藏,标识清晰		1		
	40	生产记录应完整,有日产蛋、日死亡淘汰、日饲料消耗、饲料添加剂使用记录		2		
	41	种蛋孵化管理应有良好的管理规范,记录完整		1		
	42	应有健康巡查制度及记录		1		
	43	根据当年生产报表,育雏成活率应在95%(含)以上		0.5		
	44	根据当年生产报表,育成率应在95%(含)以上		0.5		
防疫管理10分	45	应建立适合本场的卫生防疫制度和突发传染病应急预案		2		
	46	应有独立兽医室,兽医室具备正常开展临床诊疗和采样设施,有兽医诊疗与用药记录		2		
	47	病死动物剖检场所符合生物安全要求,有完整的病死动物剖检记录及剖检场所消毒记录		1		
	48	所用活疫苗应有外源病毒的检测证明(自检或委托第三方)		2		
	49	应有动物发病记录、阶段性疫病流行记录或定期鸡群健康状态分析总结		1		
	50	应有免疫制度、计划、程序和记录		2		

类别	编号	具体内容及评分标准	关键项	分值	得分	合计
种源管理12分	51	应有引种管理制度和引种记录		1		
	52	应有引种隔离管理制度和引种隔离观察记录		1		
	53	种源应来源于有《种畜禽生产经营许可证》的种禽场或符合相关规定国外进口的种禽或种蛋		1		
	54	引进禽苗/种蛋应具有动物检疫合格证明、种禽合格证、系谱证等证件		2		
	55	引进种禽/种蛋入场前应有高致病性禽流感、新城疫、禽白血病、鸡白痢病原或感染抗体抽样检测报告且结果均为阴性	*	4		
	56	应有近3年完整的种雏/种蛋销售记录		1		
	57	本场销售种禽/种蛋应有高致病性禽流感、新城疫、禽白血病、鸡白痢抽检记录,并附具《动物检疫合格证明》		2		
监测净化14分	58	应有高致病性禽流感、新城疫、禽白血病、鸡白痢年度(或更短周期)监测净化方案和监测报告	*	4		
	59	应根据监测净化方案开展疫病净化,育种核心群的检测记录能追溯到种鸡及后备鸡群的唯一性标识(如翅号、笼号、脚号等)	*	3		
	60	应有3年以上的净化工作实施记录,保存3年以上	*	3		
	61	应有定期净化效果评估和分析报告(生产性能、每个世代的发病率等)		2		
	62	实际检测数量应与应检测数量基本一致,检测试剂购置数量或委托检测凭证应与检测量相符		2		

类别	编号	具体内容及评分标准	关键项	分值	得分	合计
场群健康8分		应具有近一年内有资质的兽医实验室检验检测报告(每次抽检数不少于200羽份)并且结果符合:				
	63	禽白血病净化场:符合净化标准;其他病种净化场:禽白血病 p27 抗原阳性率≤10%;	*	1/5#		
	64	鸡白痢净化场:符合净化标准;其他病种净化场:鸡白痢平板凝集试验抗体阳性率≤3%或沙门氏菌属和鸡白痢沙门氏菌抗原 PCR 检测阳性率≤1%	*	1/5#		
	65	高致病性禽流感净化场:符合净化标准;其他病种净化场:高致病性禽流感免疫抗体合格率≥90%	*	1/5#		
	66	新城疫净化场:符合净化标准;其他病种净化场:新城疫免疫抗体合格率≥90%	*	1/5#		
总分				100		

注:#申报评估的病种该项分值为 5 分,其余病种为 1 分。规模鸡场(除种鸡场)主要疫病净化效果的评估参照此标准。

中华人民共和国农业部公告第 839 号

　　为加强兽药标准管理,保证兽药安全有效和动物性食品安全,根据《兽药管理条例》规定,中国兽药典委员会对历版《中华人民共和国兽药典》《兽药规范》中的 71 种兽药品种进行了风险评估和安全评价,并形成评审意见。鉴于甘汞等 48 种产品不同程度存在毒性大、疗效不确切、环境污染、质量不可控等问题,目前已有替代品种提供临床应用,淘汰使用该类产品时机成熟。经审核,现公布《淘汰兽药品种目录》(附件 1,以下简称《目录》),并就有关事项公告如下:

　　一、自本公告发布之日起,列入淘汰《目录》的兽药品种,废止其质量标准,并停止生产、经营、使用,违者按经营、使用假兽药处理。

　　二、自本公告发布之日起,农业部 472 号公告中与《目录》同品种的兽药品种编号同时废止。

　　三、本公告所称淘汰品种,仅指列入《目录》的产品和剂型,不涉及与此相关的其他产品。

　　四、为加强兽药安全评价工作,我部制定了《兽药安全评价品种目录》(附件 2)。按照工作计划,2010 年前组织完成风险评估和安全评价工作,并根据评价结果公布淘汰品种。未公布前,不限制《兽药安全评价品种目录》所列品种的生产、经营和使用。

　　附件:1. 淘汰兽药品种目录
　　　　　2. 兽药安全评价品种目录

二〇〇七年四月四日

附件 1

淘汰兽药品种目录

序号	品名	标准归属
1	阿拉伯胶	1965GF
2	白陶土敷剂	1965GF

序号	品名	标准归属
3	滴滴涕	1965GF
4	滴滴涕粉剂	1965GF
5	二硫化碳	1965GF
6	甘氨酸钠注射液	1965GF
7	甘汞	1965GF
8	汞溴红	1965GF
9	汞溴红溶液	1965GF
10	哈拉宗	1965GF
11	哈拉宗片	1965GF
12	含醇樟脑注射液	1965GF
13	氯仿醑	1965GF
14	凝血质	1965GF
15	凝血质注射液	1965GF
16	氰乙酰肼	1965GF
17	三磺片	1965GF
18	四氯化碳	1965GF
19	四氯化碳胶丸	1965GF
20	四氯化碳注射液	1965GF
21	四氯乙烯	1965GF
22	四氯乙烯胶丸	1965GF
23	亚砷酸钾溶液	1965GF
24	乙酰苯胺	1965GF
25	注射用盐酸二氯苯胂	1965GF
26	注射用盐酸金霉素	1965GF

序号	品名	标准归属
27	安溴注射液	1978GF
28	复方醋酸铅散剂	1978GF
29	黄氧化汞眼膏(黄降汞眼膏)	1978GF
30	火棉胶	1978GF
31	硫柳汞	1978GF
32	硫溴酚	1978GF
33	六氯对二甲苯	1978GF
34	六氯对二甲苯片	1978GF
35	六氯乙烷	1978GF
36	煤焦油皂溶液(臭药水)	1978GF
37	升汞(二氯化汞)	1978GF
38	升汞毒片	1978GF
39	水合氯醛硫酸镁注射液	1978GF
40	水合氯醛乙醇注射液	1978GF
41	水杨酸钠可可碱(利尿素)	1978GF
42	乌拉坦	1978GF
43	液化苯酚	1978GF
44	樟脑注射液	1978GF
45	阿片酊	1990CVP
46	阿片粉	1990CVP
47	复方樟脑酊	1992GF
48	注射用土霉素 f 粉)	部文保留

注:GF 代表《兽药规范》

　　CVP 代表《中国兽药典》

　　ZB 代表《兽药质量标准》

附件 2

兽药安全评价品种目录

序号	品名	标准归属	淘汰理由
1	升华硫	1990CVP	
2	维生素 AD 注射液	1990CVP	工艺不稳定
3	维生素 D2 胶性钙注射液	1990CVP	工艺不稳定
4	复方甘草合剂	1992GF	含阿片酊,有用作毒品的危险
5	结晶磺胺	1992GF	外用磺胺药已不用,有更好的代替
6	灭菌结晶磺胺	1992GF	外用作创伤撒布,现已不用,有更好的代替
7	盐酸噻咪唑	1992GF	为左旋咪唑混旋体,作用弱,毒性大,已为左旋咪唑取代
8	盐酸噻咪唑片	1992GF	为左旋咪唑混旋体,作用弱,毒性大,已为左旋咪唑取代
9	盐酸噻咪唑注射液（驱虫净注射液）	1978GF	为左旋咪唑混旋体,作用弱,毒性大,已为左旋咪唑取代
10	地美硝唑预混剂	2000CVP	建议为粉剂
11	巴胺磷	2003ZB	毒性大,有替代品种
12	巴胺磷溶液	2003ZB	毒性大,有替代品种
13	甲磺酸培氟沙星	2003ZB	人用重要抗菌药、兽用产生耐药性可能导致人类疾病治疗失败

序号	品名	标准归属	淘汰理由
14	甲磺酸培氟沙星颗粒	2003ZB	人用重要抗菌药、兽用产生耐药性可能导致人类疾病治疗失败
15	甲磺酸培氟沙星可溶性粉	2003ZB	人用重要抗菌药、兽用产生耐药性可能导致人类疾病治疗失败
16	甲磺酸培氟沙星注射液	2003ZB	人用重要抗菌药、兽用产生耐药性可能导致人类疾病治疗失败
17	盐酸洛美沙星可溶性粉	2003ZB	人用重要抗菌药、兽用产生耐药性可能导致人类疾病治疗失败
18	盐酸洛美沙星片	2003ZB	人用重要抗菌药、兽用产生耐药性可能导致人类疾病治疗失败
19	盐酸洛美沙星注射液	2003ZB	人用重要抗菌药、兽用产生耐药性可能导致人类疾病治疗失败
20	氧氟沙星可溶性粉	2003ZB	人用重要抗菌药、兽用产生耐药性可能导致人类疾病治疗失败
21	氧氟沙星片	2003ZB	人用重要抗菌药、兽用产生耐药性可能导致人类疾病治疗失败
22	氧氟沙星溶液（碱性）	2003ZB	人用重要抗菌药、兽用产生耐药性可能导致人类疾病治疗失败

序号	品名	标准归属	淘汰理由
23	氧氟沙星溶液（酸性）	2003ZB	人用重要抗菌药、兽用产生耐药性可能导致人类疾病治疗失败
24	氧氟沙星注射液	2003ZB	人用重要抗菌药、兽用产生耐药性可能导致人类疾病治疗失败
25	乙酰甲喹注射液(0.5%)	老部标准	浓度低,稳定性不良,待完善标准

注:GF 代表《兽药规范》

　　CVP 代表《中国兽药典》

　　ZB 代表《兽药质量标准》

中华人民共和国农业农村部公告第 250 号

为进一步规范养殖用药行为,保障动物源性食品安全,根据《兽药管理条例》有关规定,我部修订了食品动物中禁止使用的药品及其他化合物清单,现予以发布,自发布之日起施行。食品动物中禁止使用的药品及其他化合物以本清单为准,原农业部公告第 193 号、235号、560 号等文件中的相关内容同时废止。

附件:食品动物中禁止使用的药品及其他化合物清单

农业农村部

2019 年 12 月 27 日

附件

食品动物中禁止使用的药品及其他化合物清单

序号	药品及其他化合物名称
1	酒石酸锑钾(Antimony potassium tartrate)
2	β-兴奋剂(β-agonists)类及其盐、酯
3	汞制剂:氯化亚汞(甘汞)(Calomel)、醋酸汞(Mercurous acetate)、硝酸亚汞(Mercurous nitrate)、吡啶基醋酸汞(Pyridyl mercurous acetate)
4	毒杀芬(氯化烯)(Camphechlor)
5	卡巴氧(Carbadox)及其盐、酯
6	呋喃丹(克百威)(Carbofuran)
7	氯霉素(Chloramphenicol)及其盐、酯

序号	药品及其他化合物名称
8	杀虫脒(克死螨)(Chlordimeform)
9	氨苯砜(Dapsone)
10	硝基呋喃类:呋喃西林(Furacilinum)、呋喃妥因(Furadantin)、呋喃它酮(Furaltadone)、呋喃唑酮(Furazolidone)、呋喃苯烯酸钠(Nifurstyrenate sodium)
11	林丹(Lindane)
12	孔雀石绿(Malachite green)
13	类固醇激素:醋酸美仑孕酮(Melengestrol Acetate)、甲基睾丸酮(Methyltestosterone)、群勃龙(去甲雄三烯醇酮)(Trenbolone)、玉米赤霉醇(Zeranol)
14	安眠酮(Methaqualone)
15	硝呋烯腙(Nitrovin)
16	五氯酚酸钠(Pentachlorophenol sodium)
17	硝基咪唑类:洛硝达唑(Ronidazole)、替硝唑(Tinidazole)
18	硝基酚钠(Sodium nitrophenolate)
19	己二烯雌酚(Dienoestrol)、己烯雌酚(Diethylstilbestrol)、己烷雌酚(Hexoestrol)及其盐、酯
20	锥虫砷胺(Tryparsamide)
21	万古霉素(Vancomycin)及其盐、酯

农业部关于印发《病死及病害动物无害化处理技术规范》的通知

各省(自治区、直辖市)畜牧兽医(农牧、农业)厅(局、委、办),新疆生产建设兵团农业局:

为进一步规范病死及病害动物和相关动物产品无害化处理操作,防止动物疫病传播扩散,保障动物产品质量安全,根据《中华人民共和国动物防疫法》《生猪屠宰管理条例》《畜禽规模养殖污染防治条例》等有关法律法规,我部组织制定了《病死及病害动物无害化处理技术规范》,现印发给你们,请遵照执行。我部发布的动物检疫规程、相关动物疫病防治技术规范中,涉及对病死及病害动物和相关动物产品进行无害化处理的,按本规范执行。

自本规范发布之日起,《病死动物无害化处理技术规范》(农医发〔2013〕34号)同时废止。

农业部

2017年7月3日

病死及病害动物无害化处理技术规范

为贯彻落实《中华人民共和国动物防疫法》《生猪屠宰管理条例》《畜禽规模养殖污染防治条例》等有关法律法规,防止动物疫病传播扩散,保障动物产品质量安全,规范病死及病害动物和相关动物产品无害化处理操作技术,制定本规范。

1 适用范围

本规范适用于国家规定的染疫动物及其产品、病死或者死因不明的动物尸体,屠宰前确认的病害动物、屠宰过程中经检疫或肉品品质检验确认为不可食用的动物产品,以及其他应当进行无害化处理的动物及动物产品。

本规范规定了病死及病害动物和相关动物产品无害化处理的技术工艺和操作注意事项,处理过程中病死及病害动物和相关动物产品的包装、暂存、转运、人员防护和记录等要求。

2 引用规范和标准

GB 19217 医疗废物转运车技术要求(试行)

GB 18484 危险废物焚烧污染控制标准

GB 18597 危险废物贮存污染控制标准

GB 16297 大气污染物综合排放标准

GB 14554 恶臭污染物排放标准

GB 8978 污水综合排放标准

GB 5085.3 危险废物鉴别标准

GB/T 16569 畜禽产品消毒规范

GB 19218 医疗废物焚烧炉技术要求(试行)

GB/T 19923 城市污水再生利用 工业用水水质

当上述标准和文件被修订时,应使用其最新版本。

3 术语和定义

3.1 无害化处理

本规范所称无害化处理,是指用物理、化学等方法处理病死及病害动物和相关动物产品,消灭其所携带的病原体,消除危害的过程。

3.2 焚烧法

焚烧法是指在焚烧容器内,使病死及病害动物和相关动物产品在富氧或无氧条件下进行氧化反应或热解反应的方法。

3.3 化制法

化制法是指在密闭的高压容器内,通过向容器夹层或容器内通入高温饱和蒸汽,在干热、压力或蒸汽、压力的作用下,处理病死及病害动物和相关动物产品的方法。

3.4 高温法

高温法是指常压状态下,在封闭系统内利用高温处理病死及病害动物和相关动物产品的方法。

3.5 深埋法

深埋法是指按照相关规定,将病死及病害动物和相关动物产品投入深埋坑中并覆盖、消毒,处理病死及病害动物和相关动物产品的方法。

3.6 硫酸分解法

硫酸分解法是指在密闭的容器内,将病死及病害动物和相关动物产品用硫酸在一定条件下进行分解的方法。

4 病死及病害动物和相关动物产品的处理

4.1 焚烧法

4.1.1 适用对象

国家规定的染疫动物及其产品、病死或者死因不明的动物尸体,屠宰前确认的病害动物、屠宰过程中经检疫或肉品品质检验确认为不可食用的动物产品,以及其他应当进行无害化处理的动物及动物产品。

4.1.2 直接焚烧法

4.1.2.1 技术工艺

4.1.2.1.1 可视情况对病死及病害动物和相关动物产品进行破碎等预处理。

4.1.2.1.2　将病死及病害动物和相关动物产品或破碎产物,投至焚烧炉本体燃烧室,经充分氧化、热解,产生的高温烟气进入二次燃烧室继续燃烧,产生的炉渣经出渣机排出。

4.1.2.1.3　燃烧室温度应≥850 ℃。燃烧所产生的烟气从最后的助燃空气喷射口或燃烧器出口到换热面或烟道冷风引射口之间的停留时间应≥2 s。焚烧炉出口烟气中氧含量应为 6%～10%(干气)。

4.1.2.1.4　二次燃烧室出口烟气经余热利用系统、烟气净化系统处理,达到 GB 16297 要求后排放。

4.1.2.1.5　焚烧炉渣与除尘设备收集的焚烧飞灰应分别收集、贮存和运输。焚烧炉渣按一般固体废物处理或作资源化利用;焚烧飞灰和其他尾气净化装置收集的固体废物需按 GB 5085.3 要求作危险废物鉴定,如属于危险废物,则按 GB 18484 和 GB 18597 要求处理。

4.1.2.2　操作注意事项

4.1.2.2.1　严格控制焚烧进料频率和重量,使病死及病害动物和相关动物产品能够充分与空气接触,保证完全燃烧。

4.1.2.2.2　燃烧室内应保持负压状态,避免焚烧过程中发生烟气泄露。

4.1.2.2.3　二次燃烧室顶部设紧急排放烟囱,应急时开启。

4.1.2.2.4　烟气净化系统,包括急冷塔、引风机等设施。

4.1.3　炭化焚烧法

4.1.3.1　技术工艺

4.1.3.1.1　病死及病害动物和相关动物产品投至热解炭化室,在无氧情况下经充分热解,产生的热解烟气进入二次燃烧室继续燃烧,产生的固体炭化物残渣经热解炭化室排出。

4.1.3.1.2　热解温度应≥600 ℃,二次燃烧室温度≥850 ℃,焚烧后烟气在 850 ℃以上停留时间≥2 s。

4.1.3.1.3　烟气经过热解炭化室热能回收后,降至 600 ℃左右,经烟气净化系统处理,达到 GB 16297 要求后排放。

4.1.3.2 操作注意事项

4.1.3.2.1 应检查热解炭化系统的炉门密封性,以保证热解炭化室的隔氧状态。

4.1.3.2.2 应定期检查和清理热解气输出管道,以免发生阻塞。

4.1.3.2.3 热解炭化室顶部需设置与大气相连的防爆口,热解炭化室内压力过大时可自动开启泄压。

4.1.3.2.4 应根据处理物种类、体积等严格控制热解的温度、升温速度及物料在热解炭化室里的停留时间。

4.2 化制法

4.2.1 适用对象

不得用于患有炭疽等芽孢杆菌类疫病,以及牛海绵状脑病、痒病的染疫动物及产品、组织的处理。其他适用对象同 4.1.1。

4.2.2 干化法

4.2.2.1 技术工艺

4.2.2.1.1 可视情况对病死及病害动物和相关动物产品进行破碎等预处理。

4.2.2.1.2 病死及病害动物和相关动物产品或破碎产物输送入高温高压灭菌容器。

4.2.2.1.3 处理物中心温度≥140 ℃,压力≥0.5 MPa(绝对压力),时间≥4 h(具体处理时间随处理物种类和体积大小而设定)。

4.2.2.1.4 加热烘干产生的热蒸汽经废气处理系统后排出。

4.2.2.1.5 加热烘干产生的动物尸体残渣传输至压榨系统处理。

4.2.2.2 操作注意事项

4.2.2.2.1 搅拌系统的工作时间应以烘干剩余物基本不含水分为宜,根据处理物量的多少,适当延长或缩短搅拌时间。

4.2.2.2.2 应使用合理的污水处理系统,有效去除有机物、氨氮,达到 GB 8978 要求。

4.2.2.2.3 应使用合理的废气处理系统,有效吸收处理过程中动物尸体腐败产生的恶臭气体,达到 GB 16297 要求后排放。

4.2.2.2.4 高温高压灭菌容器操作人员应符合相关专业要求,持证上岗。

4.2.2.2.5 处理结束后,需对墙面、地面及其相关工具进行彻底清洗消毒。

4.2.3 湿化法

4.2.3.1 技术工艺

4.2.3.1.1 可视情况对病死及病害动物和相关动物产品进行破碎预处理。

4.2.3.1.2 将病死及病害动物和相关动物产品或破碎产物送入高温高压容器,总质量不得超过容器总承受力的五分之四。

4.2.3.1.3 处理物中心温度≥135 ℃,压力≥0.3 MPa(绝对压力),处理时间≥30 min(具体处理时间随处理物种类和体积大小而设定)。

4.2.3.1.4 高温高压结束后,对处理产物进行初次固液分离。

4.2.3.1.5 固体物经破碎处理后,送入烘干系统;液体部分送入油水分离系统处理。

4.2.3.2 操作注意事项

4.2.3.2.1 高温高压容器操作人员应符合相关专业要求,持证上岗。

4.2.3.2.2 处理结束后,需对墙面、地面及其相关工具进行彻底清洗消毒。

4.2.3.2.3 冷凝排放水应冷却后排放,产生的废水应经污水处理系统处理,达到 GB8978 要求。

4.2.3.2.4 处理车间废气应通过安装自动喷淋消毒系统、排风系统和高效微粒空气过滤器(HEPA 过滤器)等进行处理,达到 GB 16297 要求后排放。

4.3 高温法

4.3.1 适用对象

同 4.2.1。

4.3.2 技术工艺

4.3.2.1 可视情况对病死及病害动物和相关动物产品进行破碎等预处理。处理物或破碎产物体积(长×宽×高)≤125 cm³(5 cm×5 cm×5 cm)。

4.3.2.2 向容器内输入油脂,容器夹层经导热油或其他介质加热。

4.3.2.3 将病死及病害动物和相关动物产品或破碎产物输送入容器内,与油脂混合。常压状态下,维持容器内部温度≥180 ℃,持续时间≥2.5 h(具体处理时间随处理物种类和体积大小而设定)。

4.3.2.4 加热产生的热蒸汽经废气处理系统后排出。

4.3.2.5 加热产生的动物尸体残渣传输至压榨系统处理。

4.3.3 操作注意事项

同 4.2.2.2。

4.4 深埋法

4.4.1 适用对象

发生动物疫情或自然灾害等突发事件时病死及病害动物的应急处理,以及边远和交通不便地区零星病死畜禽的处理。不得用于患有炭疽等芽孢杆菌类疫病,以及牛海绵状脑病、痒病的染疫动物及产品、组织的处理。

4.4.2 选址要求

4.4.2.1 应选择地势高燥,处于下风向的地点。

4.4.2.2 应远离学校、公共场所、居民住宅区、村庄、动物饲养和屠宰场所、饮用水源地、河流等地区。

4.4.3 技术工艺

4.4.3.1 深埋坑体容积以实际处理动物尸体及相关动物产品数量确定。

4.4.3.2　深埋坑底应高出地下水位 1.5 m 以上,要防渗、防漏。

4.4.3.3　坑底洒一层厚度为 2～5 cm 的生石灰或漂白粉等消毒药。

4.4.3.4　将动物尸体及相关动物产品投入坑内,最上层距离地表 1.5 m 以上。

4.4.3.5　生石灰或漂白粉等消毒药消毒。

4.4.3.6　覆盖距地表 20～30 cm,厚度不少于 1～1.2 m 的覆土。

4.4.4　操作注意事项

4.4.4.1　深埋覆土不要太实,以免腐败产气造成气泡冒出和液体渗漏。

4.4.4.2　深埋后,在深埋处设置警示标识。

4.4.4.3　深埋后,第一周内应每日巡查 1 次,第二周起应每周巡查 1 次,连续巡查 3 个月,深埋坑塌陷处应及时加盖覆土。

4.4.4.4　深埋后,立即用氯制剂、漂白粉或生石灰等消毒药对深埋场所进行 1 次彻底消毒。第一周内应每日消毒 1 次,第二周起应每周消毒 1 次,连续消毒三周以上。

4.5　化学处理法

4.5.1　硫酸分解法

4.5.1.1　适用对象

同 4.2.1。

4.5.1.2　技术工艺

4.5.1.2.1　可视情况对病死及病害动物和相关动物产品进行破碎等预处理。

4.5.1.2.2　将病死及病害动物和相关动物产品或破碎产物,投至耐酸的水解罐中,按每吨处理物加入水 150～300 kg,后加入 98% 的浓硫酸 300～400 kg(具体加入水和浓硫酸量随处理物的含水量而设定)。

4.5.1.2.3　密闭水解罐,加热使水解罐内升至 100～108 ℃,维持压力≥0.15 MPa,反应时间≥4h,至罐体内的病死及病害动物和相关动物产品完全分解为液态。

4.5.1.3　操作注意事项

4.5.1.3.1　处理中使用的强酸应按国家危险化学品安全管理、易制毒化学品管理有关规定执行,操作人员应做好个人防护。

4.5.1.3.2　水解过程中要先将水加入耐酸的水解罐中,然后加入浓硫酸。

4.5.1.3.3　控制处理物总体积不得超过容器容量的70%。

4.5.1.3.4　酸解反应的容器及储存酸解液的容器均要求耐强酸。

4.5.2　化学消毒法

4.5.2.1　适用对象

适用于被病原微生物污染或可疑被污染的动物皮毛消毒。

4.5.2.2　盐酸食盐溶液消毒法

4.5.2.2.1　用2.5%盐酸溶液和15%食盐水溶液等量混合,将皮张浸泡在此溶液中,并使溶液温度保持在30 ℃左右,浸泡40 h,1 m² 的皮张用10L消毒液(或按100 mL 25%食盐水溶液中加入盐酸1 mL 配制消毒液,在室温15 ℃条件下浸泡48h,皮张与消毒液之比为1∶4)。

4.5.2.2.2　浸泡后捞出沥干,放入2%(或1%)氢氧化钠溶液中,以中和皮张上的酸,再用水冲洗后晾干。

4.5.2.3　过氧乙酸消毒法

4.5.2.3.1　将皮毛放入新鲜配制的2%过氧乙酸溶液中浸泡30 min。

4.5.2.3.2　将皮毛捞出,用水冲洗后晾干。

4.5.2.4　碱盐液浸泡消毒法

4.5.2.4.1　将皮毛浸入5%碱盐液(饱和盐水内加5%氢氧化钠)中,室温(18~25 ℃)浸泡24 h,并随时加以搅拌。

4.5.2.4.2　取出皮毛挂起,待碱盐液流净,放入5%盐酸液内浸泡,使皮上的酸碱中和。

4.5.2.4.3 将皮毛捞出,用水冲洗后晾干。

5 收集转运要求

5.1 包装

5.1.1 包装材料应符合密闭、防水、防渗、防破损、耐腐蚀等要求。

5.1.2 包装材料的容积、尺寸和数量应与需处理病死及病害动物和相关动物产品的体积、数量相匹配。

5.1.3 包装后应进行密封。

5.1.4 使用后,一次性包装材料应作销毁处理,可循环使用的包装材料应进行清洗消毒。

5.2 暂存

5.2.1 采用冷冻或冷藏方式进行暂存,防止无害化处理前病死及病害动物和相关动物产品腐败。

5.2.2 暂存场所应能防水、防渗、防鼠、防盗,易于清洗和消毒。

5.2.3 暂存场所应设置明显警示标识。

5.2.4 应定期对暂存场所及周边环境进行清洗消毒。

5.3 转运

5.3.1 可选择符合 GB 19217 条件的车辆或专用封闭厢式运载车辆。车厢四壁及底部应使用耐腐蚀材料,并采取防渗措施。

5.3.2 专用转运车辆应加施明显标识,并加装车载定位系统,记录转运时间和路径等信息。

5.3.3 车辆驶离暂存、养殖等场所前,应对车轮及车厢外部进行消毒。

5.3.4 转运车辆应尽量避免进入人口密集区。

5.3.5 若转运途中发生渗漏,应重新包装、消毒后运输。

5.3.6 卸载后,应对转运车辆及相关工具等进行彻底清洗、消毒。

6 其他要求

6.1 人员防护

6.1.1 病死及病害动物和相关动物产品的收集、暂存、转运、无害化处理操作的工作人员应经过专门培训,掌握相应的动物防疫知识。

6.1.2 工作人员在操作过程中应穿戴防护服、口罩、护目镜、胶鞋及手套等防护用具。

6.1.3 工作人员应使用专用的收集工具、包装用品、转运工具、清洗工具、消毒器材等。

6.1.4 工作完毕后,应对一次性防护用品作销毁处理,对循环使用的防护用品消毒处理。

6.2 记录要求

6.2.1 病死及病害动物和相关动物产品的收集、暂存、转运、无害化处理等环节应建有台账和记录。有条件的地方应保存转运车辆行车信息和相关环节视频记录。

6.2.2 台账和记录

6.2.2.1 暂存环节

6.2.2.1.1 接收台账和记录应包括病死及病害动物和相关动物产品来源场(户)、种类、数量、动物标识号、死亡原因、消毒方法、收集时间、经办人员等。

6.2.2.1.2 运出台账和记录应包括运输人员、联系方式、转运时间、车牌号、病死及病害动物和相关动物产品种类、数量、动物标识号、消毒方法、转运目的地以及经办人员等。

6.2.2.2 处理环节

6.2.2.2.1 接收台账和记录应包括病死及病害动物和相关动物产品来源、种类、数量、动物标识号、转运人员、联系方式、车牌号、接收时间及经手人员等。

6.2.2.2.2 处理台账和记录应包括处理时间、处理方式、处理数量及操作人员等。

6.2.3 涉及病死及病害动物和相关动物产品无害化处理的台账和记录至少要保存两年。

六、参考文献

[1]　李英俊，朱志芳.蛋鸡肠毒综合征并发输卵管炎的诊治报告[J].今日畜牧兽医，2006(11)：38.

[2]　顾海洋，李宇，张昌超，等.蛋鸡输卵管炎防控措施[J].畜牧业环境，2021(3)：58－59.

[3]　吴志钢，王辉，等.商品蛋鸡 H9 亚型禽流感综合防治[J].中国动物保健，2010(5)：45－49.

[4]　郑守学，阮国宏.蛋鸡饲料中常见霉菌毒素的致病机理、临床症状及防治措施[J].家禽科学，2021(3)：27－29.

[5]　崔莉莉.浅析诱发蛋鸡输卵管炎的原因[J].家禽科学，2017(4)：35－37.

[6]　谢淑玲，闫雪，等.产蛋鸡输卵管炎和卵黄性腹膜炎的病因分析及防治措施[J].辽宁农业职业技术学院学报，2013(5)：13－14.